让生活更美好的

500个提案

美好的基本

にちをよくする500の言葉

[日] 松浦弥太郎 著

[日] 渡边健一 绘

则慧 译

北京时代华文书局

写在前面

每天指的是什么?
所谓的生活又是什么呢?
忽然，发觉有一个像这样思考的自己。
宛如在不熟悉的街道上，迷失在其中。
非常忙碌，感觉疲惫至极，身心憔悴……
朋友们，面对这些，你们觉得怎么样才好呢?

每天，这样的生活，虽然没有什么变化，然而像现在，
淡淡地、朴实地生活，观察着自己的心，慢慢地了解她，
让我们逐渐变得开朗、透彻、闪耀着光芒。
像这样，犹如一股新鲜的力量充满了全身。

拥有这样美好心态的人。
像这样的话，我认为每一天都沉浸在学习的生活中。
每一天的生活之中，像这样地学习，我想每天的生活都
沉浸在感恩心之中。
学习和感恩，
这两句便是全部的答案，
让我们在繁忙的一天中更好地去实践吧!

在学习和感恩之中，我积累了很多简小的短句。
像这些小短句，我想摘录出来与大家分享，逐渐汇集成500 句。

不管这里面的一句还是两句，如果对您每天的生活有帮助，我会很高兴。
这本书没有开头和结尾，您翻开的每一页，都是我写给您的信。
一日一次，我习惯了学习和感恩，
今天的您，也要像书中一样积极乐观地生活啊！

松浦弥太郎

对本书有了亲切感，

就是与朴实真诚的心相遇，

因此每天都会有笑容。

在500句短语中，

不管哪一句，

希望能走入您的生活！

1
早睡

有了充足的睡眠，第二天才能充满活力。如果在良好的睡眠上用点心思，这样的你将成为超人。

2
早起

如果早起的话，将拥有充裕的时间去慢慢开始一天的生活。不慌不忙，不急不躁，过优雅的一天。

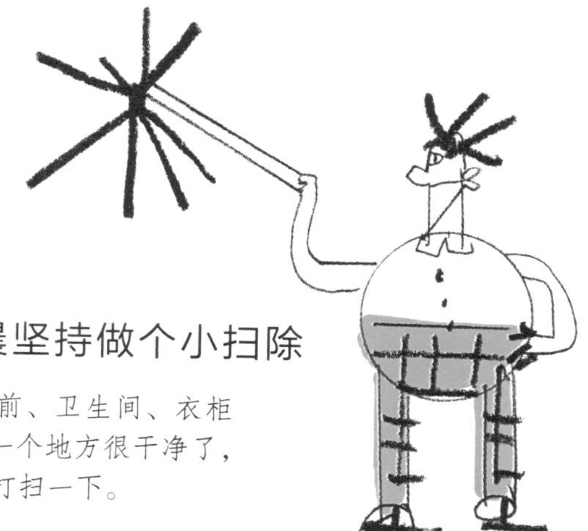

3
每天早晨坚持做个小扫除

早晨，门庭前、卫生间、衣柜等，即便每一个地方很干净了，也要去试着打扫一下。

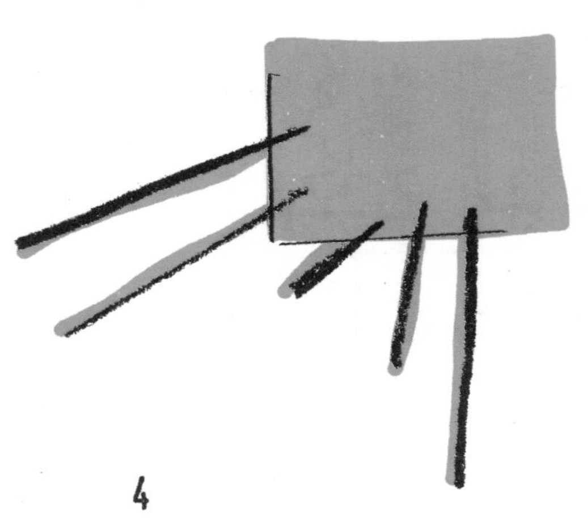

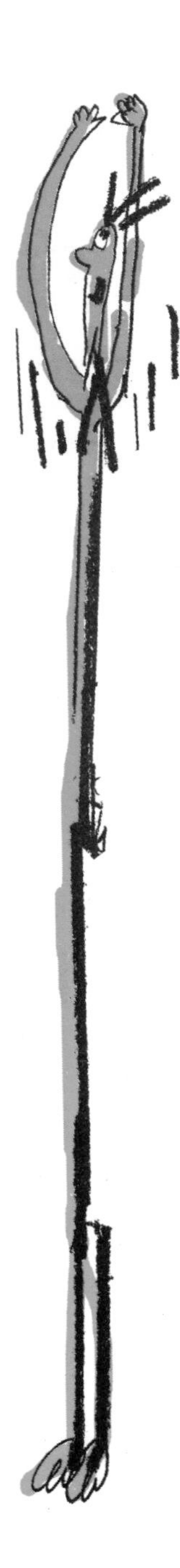

4
打开窗户吧！

一天中要多次打开窗户，让屋子里的空气循环流通。如此可以恢复精神状态，培养生活的节奏感。

5 伸个懒腰吧！

6

步履如光

即便非常忙碌，也不要疏忽了擦鞋子。整洁光亮的鞋子反映出一个人的生活品质。

7

不要闷闷不乐

生活和工作等的事情中，大部分都是劳累和苦恼。但是，正因为如此，人们才能得以成长。

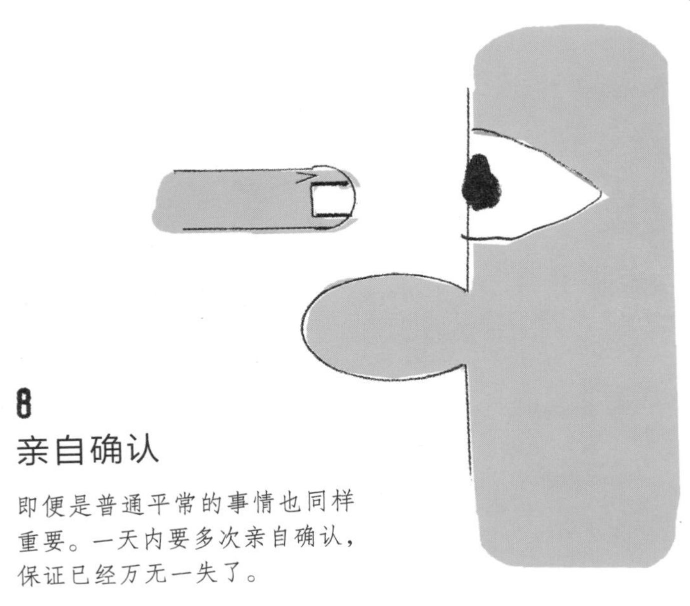

8 亲自确认

即便是普通平常的事情也同样重要。一天内要多次亲自确认，保证已经万无一失了。

9 好好咀嚼

不能忘记对食物和用餐的感恩之心。用心地慢慢享用，品尝食物的美味。

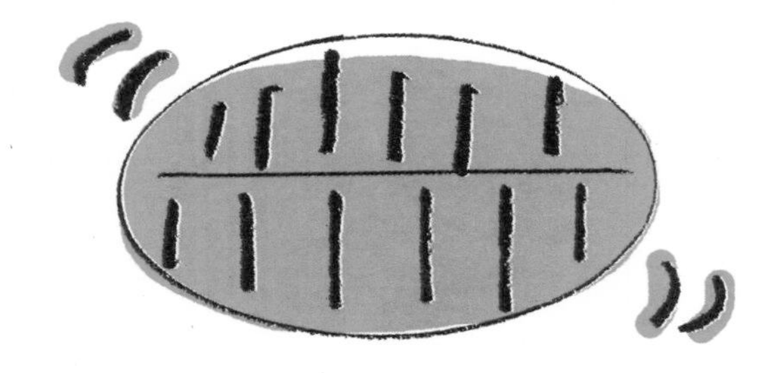

10 优雅地笑

根据场合、地点、人物等情况，要注意及时调整说话声音的大小。

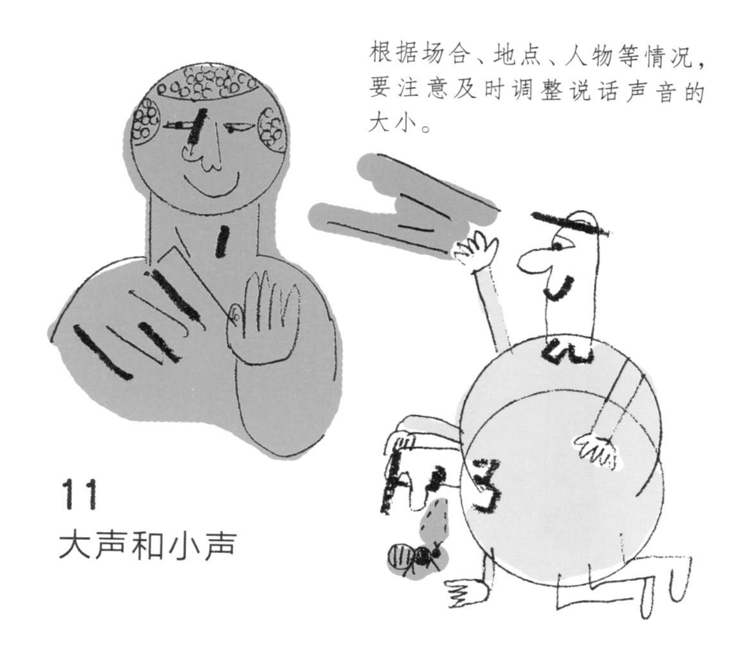

11
大声和小声

12 请端正地坐

不可倚靠着椅子的后背而坐，要以笔直端庄的姿势就坐。把这种充满朝气的坐姿刻在心中。

13

不要交叉着胳膊

以交叉胳膊的姿态听别人说话是很没有礼貌的表现，感觉像在隐藏什么事儿似的。

14

不可跷二郎腿

当对面坐着人时，跷着二郎腿的姿势，传递出自己不高兴的态度，所以要注意。

15 请谦让

如果自己对想了解的事情不知道的话，不要去网上检索，首先自己试着思考一下，这是很重要的事情。

首先请自己思考一下

16

身体的不适，以补充水分的方法能解决很多。避免甜味的饮料，养成多喝水的习惯。

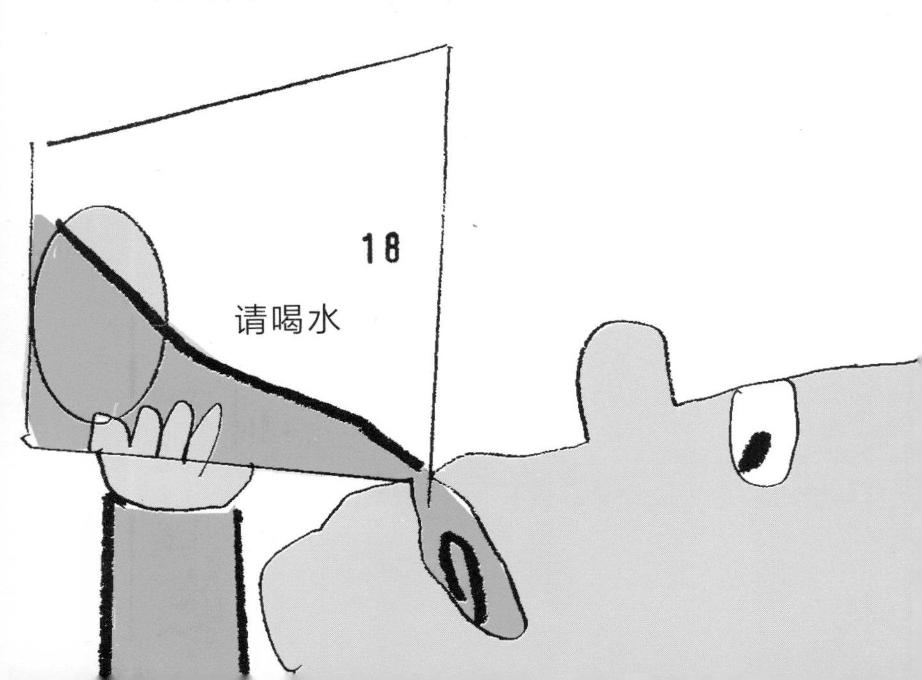

19
请为下一个人考虑

如果在使用完道具和场地之后，务必要照顾到下一人使用时能有个好心情。这就是对别人的关怀。

20 微笑地寒暄

寒暄的要点是要发自内心的欢喜，因此寒暄是人际关系的基础。

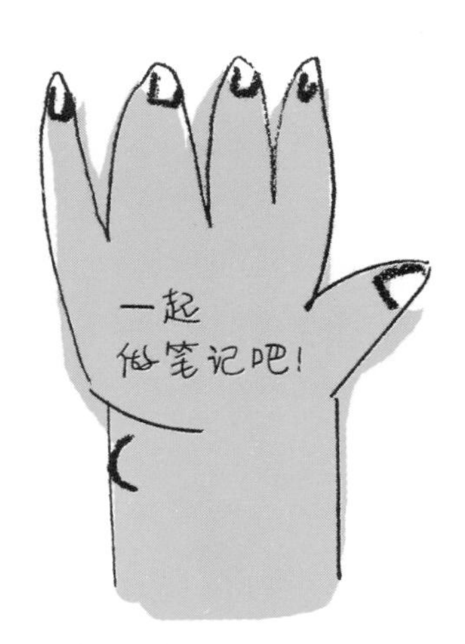

21

勤于做笔记

笔记的记录，就是书写和记忆的相互联系；做笔记的态度也和学习的效率紧密相连。

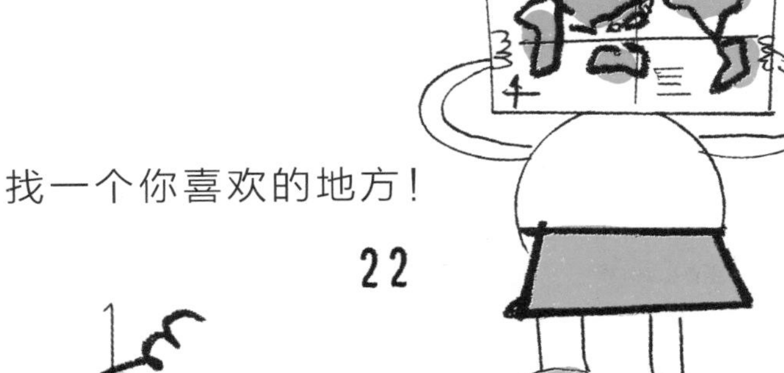

找一个你喜欢的地方！

22

23 失败之学

失败不是成功的对立面，而是宝贵的学习素材。失败的次数多，学习也一样会多，这样就会成长。

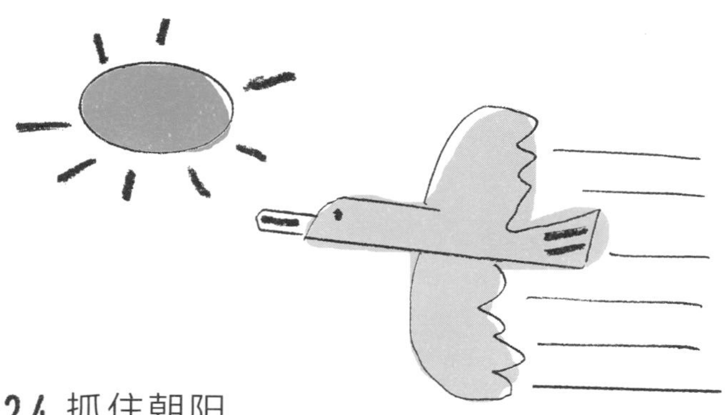

24 抓住朝阳

头脑和精神在早晨恢复了，此时正充满着灵感，要很好地利用起来啊。

25 惊恐也是好事情

惊恐，反映了最朴实的自己，也可以是一种感动。经常让自己惊恐一下吧！

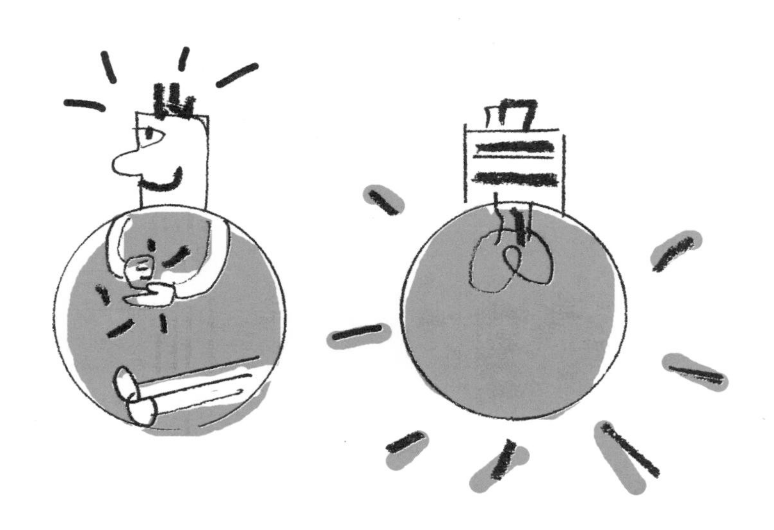

26 灵光一闪很重要

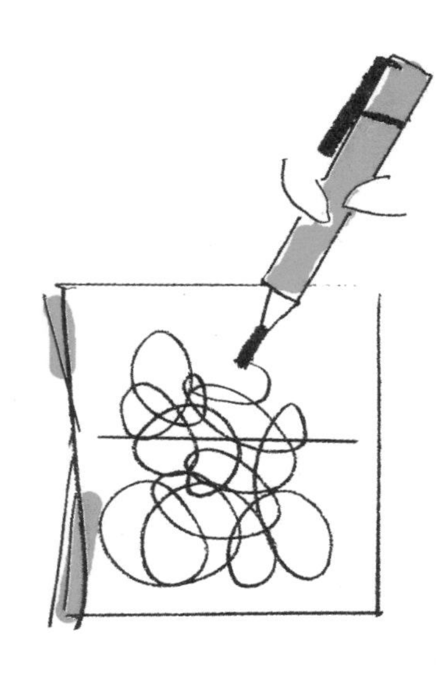

27
无限的可能

28 偶尔放松一下吧

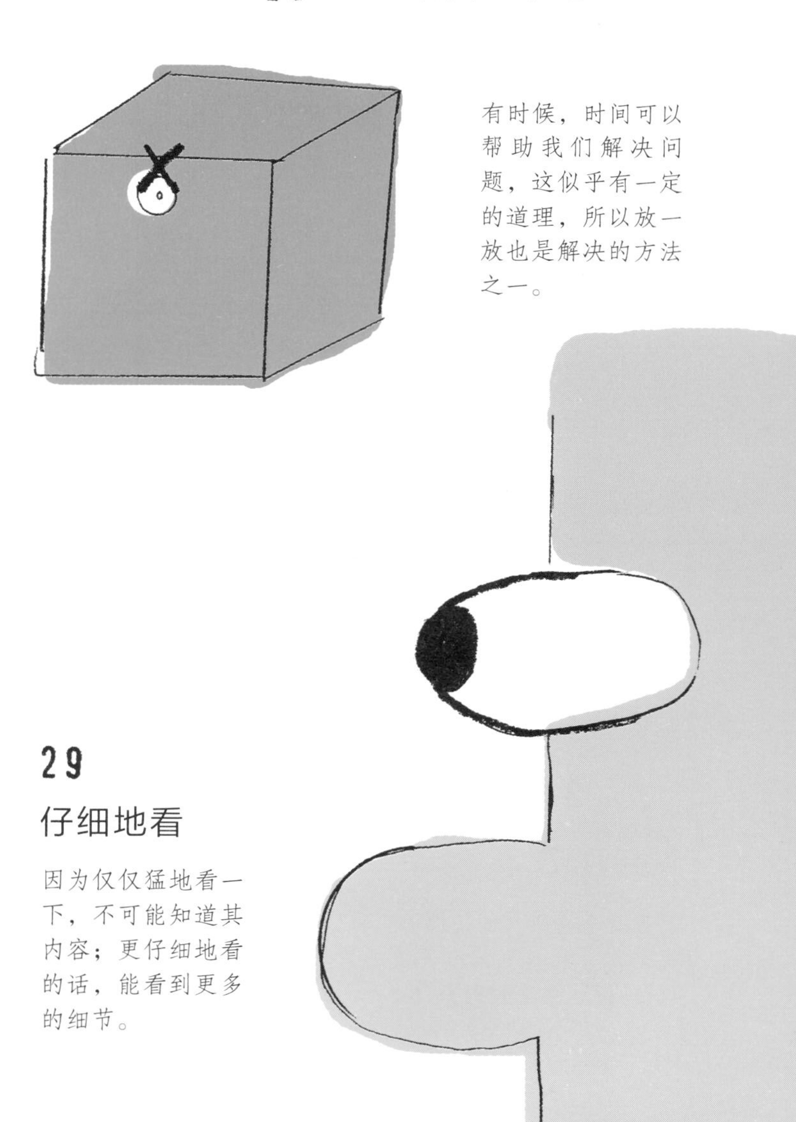

有时候，时间可以帮助我们解决问题，这似乎有一定的道理，所以放一放也是解决的方法之一。

29 仔细地看

因为仅仅猛地看一下，不可能知道其内容；更仔细地看的话，能看到更多的细节。

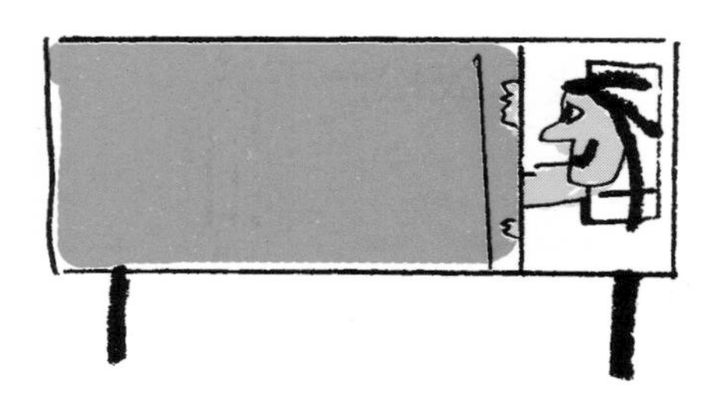

30
时常保持卧床的整洁

卧室和被褥等是身体和心灵休息的场所，正因为如此，常保持整洁，对心灵保持美好很重要。

31
做料理吧

料理是人类最具创造性的行为，也是对自己或者他人关爱的表现，更是人类生存的条件之一。

32 经常试着去疑虑

或许有更好的方法以及想法的时候，因为总是试着去疑虑，就会有新的机遇和发现。

试试多种方法 33

如果把两个豆沙包夹在一起的话，就像夹馅面包一样，这是做法之一，其他的方法也试着做一下吧！

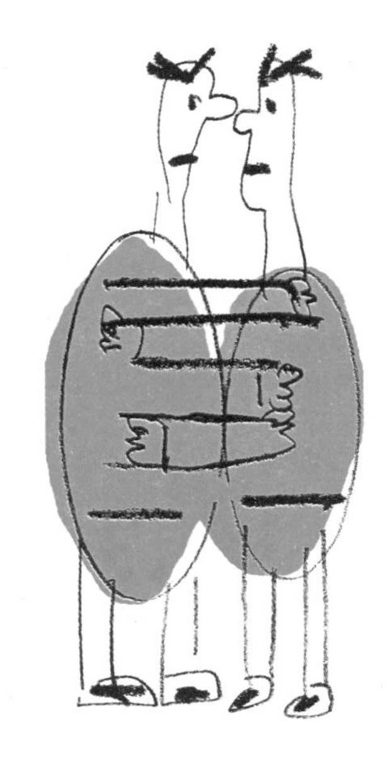

比言语更重要的是行动

34

虽然会完全忘记一些话语，但不管什么时候也不会忘记行为带来的感动。让我们成为传递感动的人吧。

35

一个人去旅行

自己的强项是哪些？哪些比较弱？什么事情可以胜任？什么事情做不好？等等。想要知道适合自己的方面，一个人出去旅行会告诉你答案。

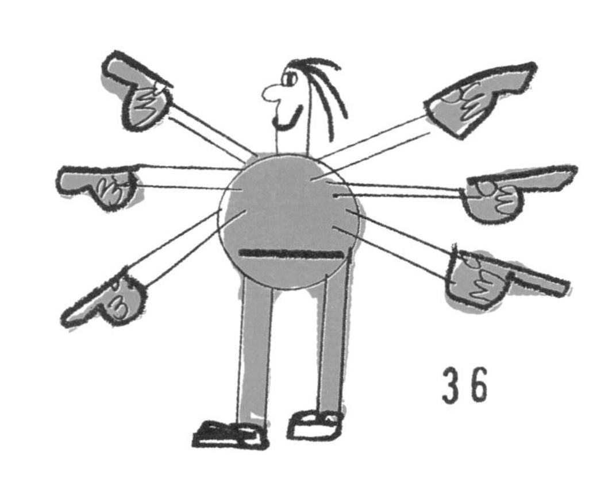

在这个世界上，
发生的任何事情
都与自己有关联；
因此我们作为当
事者，应该保持
关心的态度。

千丝万缕的关联

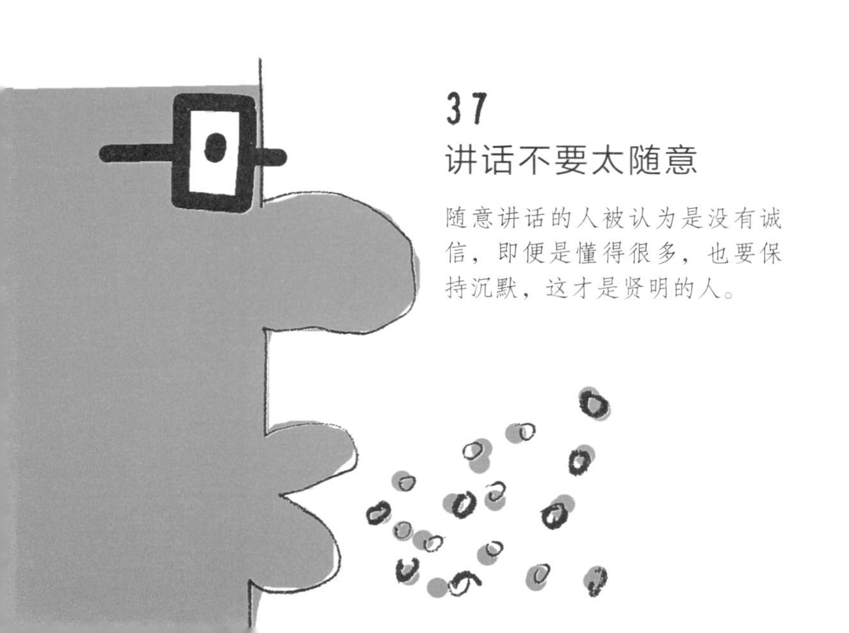

37
讲话不要太随意

随意讲话的人被认为是没有诚
信，即便是懂得很多，也要保
持沉默，这才是贤明的人。

38

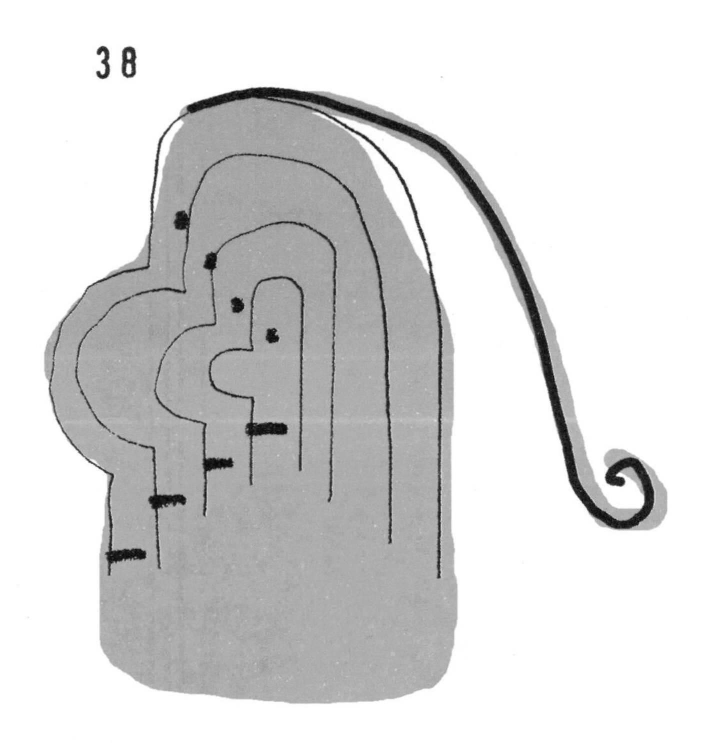

不管做了多少次，请不断地重复

即便是失败了，如果不停地去重复做，最终将会成功。不断重复做的行为。

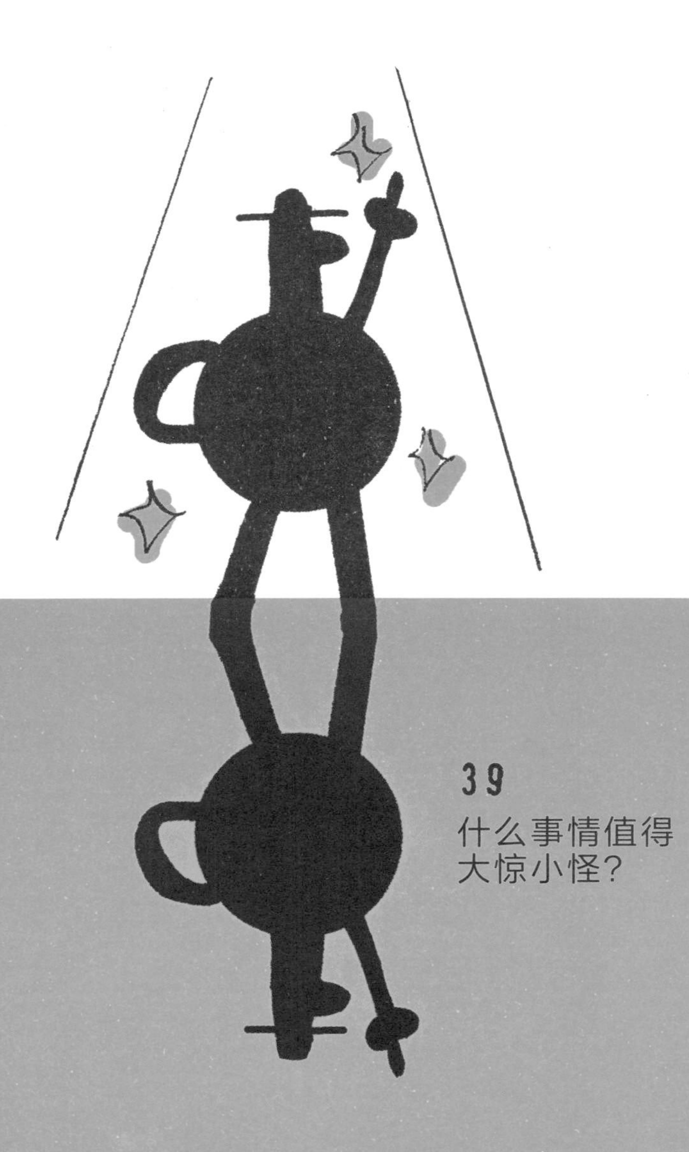

39

什么事情值得
大惊小怪?

40 请多走路

仅仅在走路的过程中就能收集很多信息。为了身体健康，下意识地多走一些路吧。

即使这是正确的答案，如果能逆向思考一下的话，会启发出多种不同的新思想。

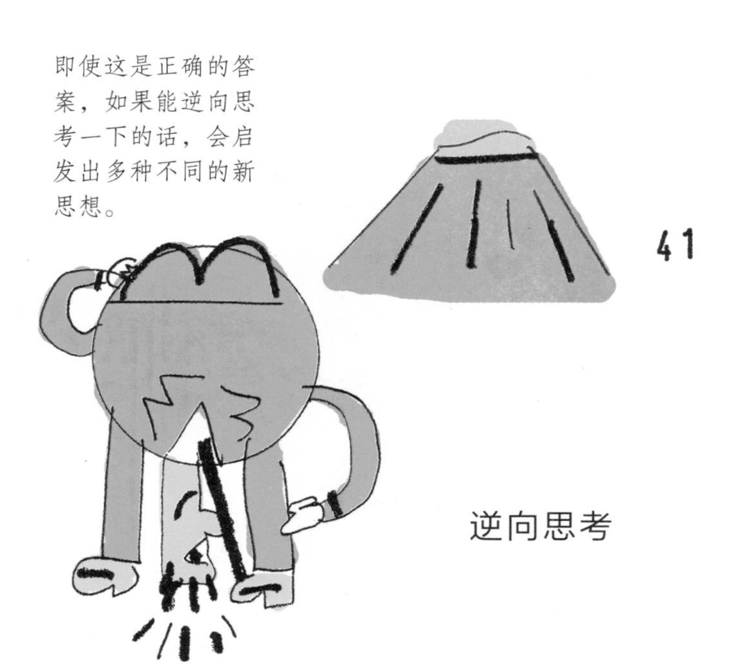

41 逆向思考

42
制作花名册

非常忙碌的时候，为了让头脑清晰有条理，可以在记事本上做这些分类：应该要做的、必须做的、应该要考虑到的等，这样对你会很有帮助。

43
美味的早餐

44

优美的话语

语言的表达方式体现了自我的人格，也能表现出对对方的敬意，因此要熟练地运用优美的话语。

45

去会面

在需要道歉或者沟通非常迫切的事情的时候，不能用电话或者邮件，尽快和对方见面相谈是非常重要的。

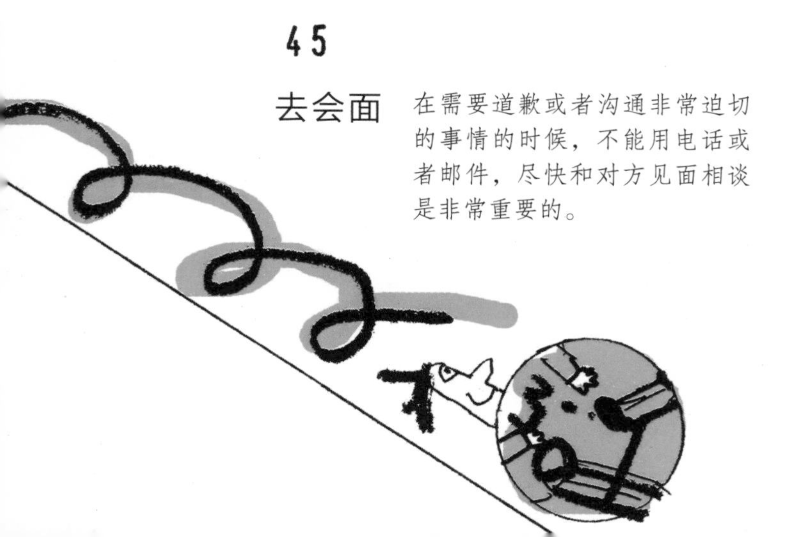

好好放松休息吧！

46

47 多助人为乐

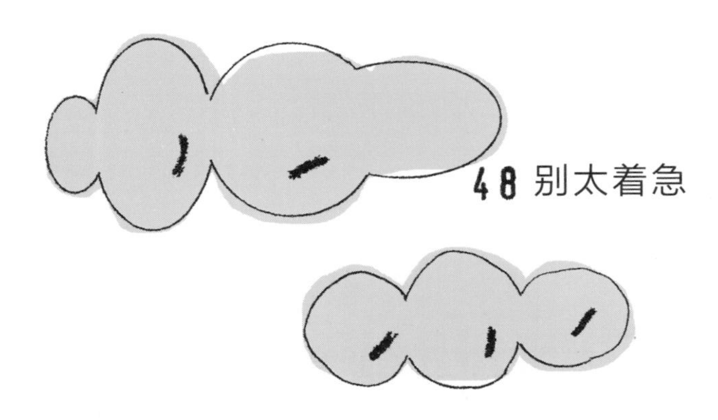

48 别太着急

49

总之，要用心地去赞美他人，善于发现他人的优点，给予鼓励、赞叹的话语。

50 细心周到

生活和工作等事情，不仅要多动动脑，还要多用用心，要像这样不断地交替使用，则可以改变人生。

所谓元气就是回到原本的精神状态。因为自我本能具有元气，所以无论何时都能恢复。

51 元气就是回到最初

52

慢慢地说话

在传达重要的事情时，考虑对方心情的同时，自己不要慌乱，温柔、清楚地去表达。

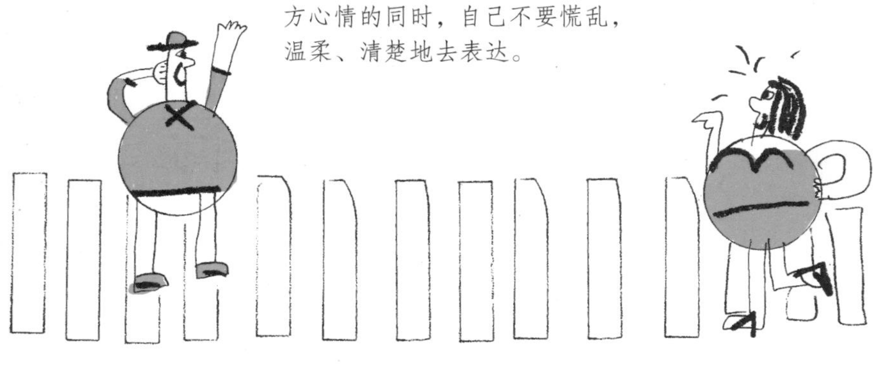

53

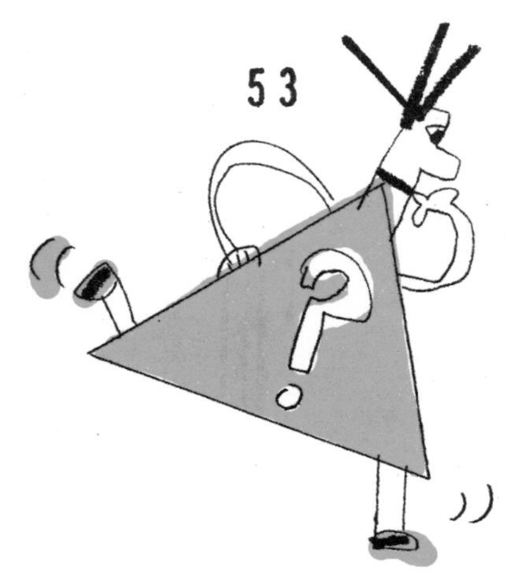

模棱两可也可以

无论是对还是错，不用太明显地划分，要知道其实这中间有模棱两可的部分。

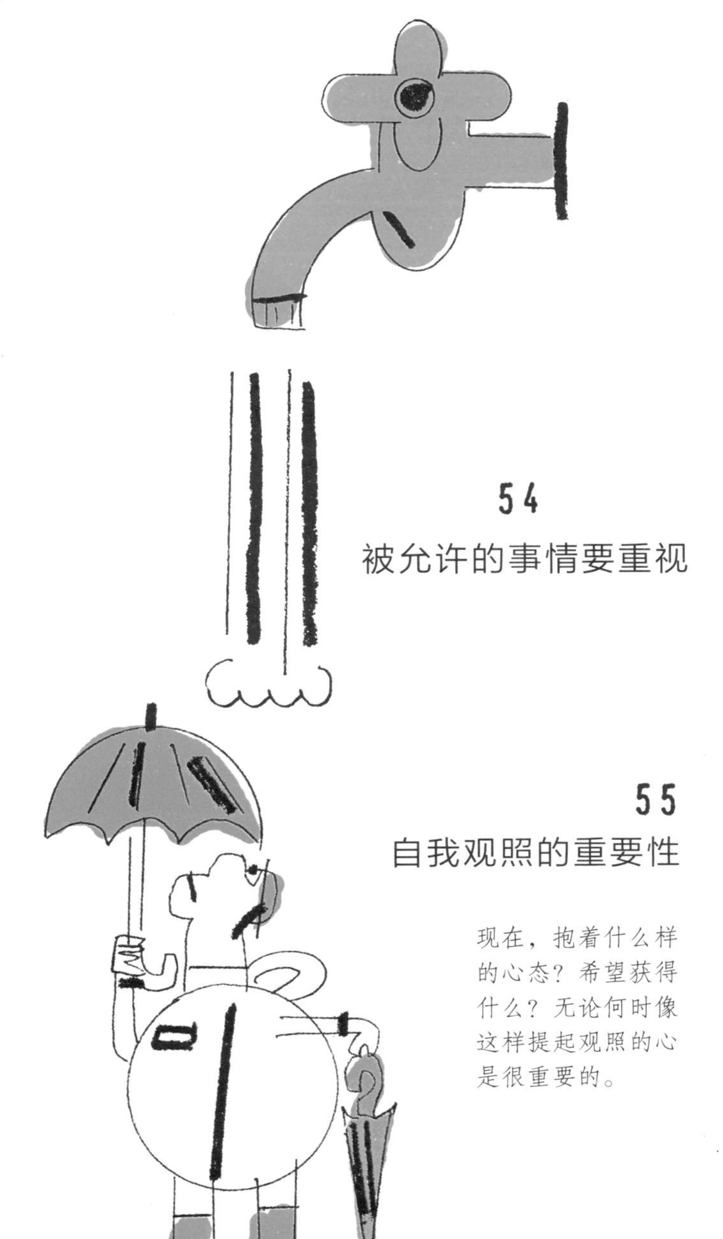

54
被允许的事情要重视

55
自我观照的重要性

现在，抱着什么样的心态？希望获得什么？无论何时像这样提起观照的心是很重要的。

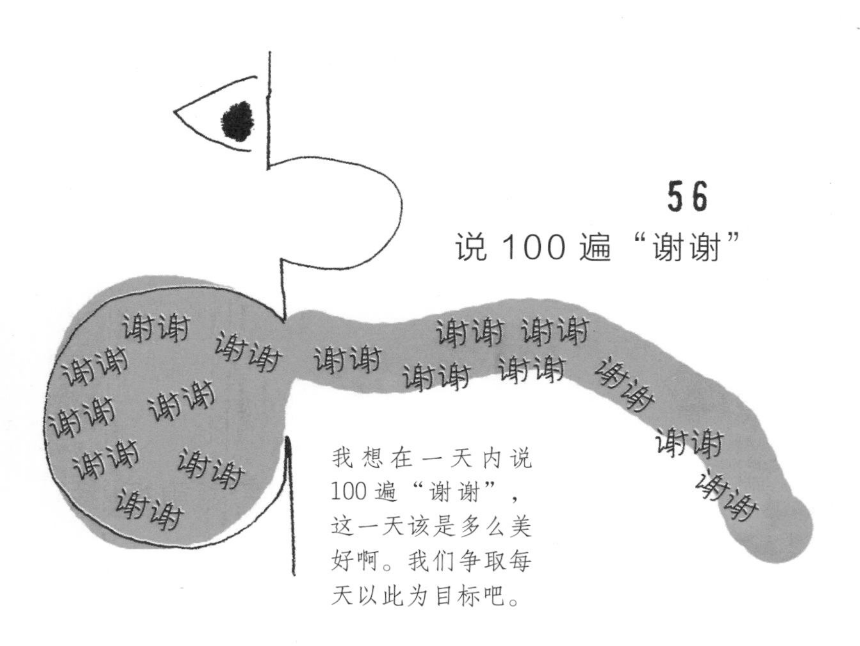

56
说 100 遍“谢谢”

我想在一天内说100遍“谢谢”，这一天该是多么美好啊。我们争取每天以此为目标吧。

57 每天都是新开始

在生活和工作中，把今天看作开始之日，这样每天都是开始，都是谦虚学习的一天。

今天我能给予什么?

58

我们自己能给予社会或者他人什么呢?即便是给予一点点也是很好的。

59

准备一点小心意

今天为相约的人准备一个小礼物吧。即便是一句温馨的话语,或者给对方一个微笑,也是很好的。

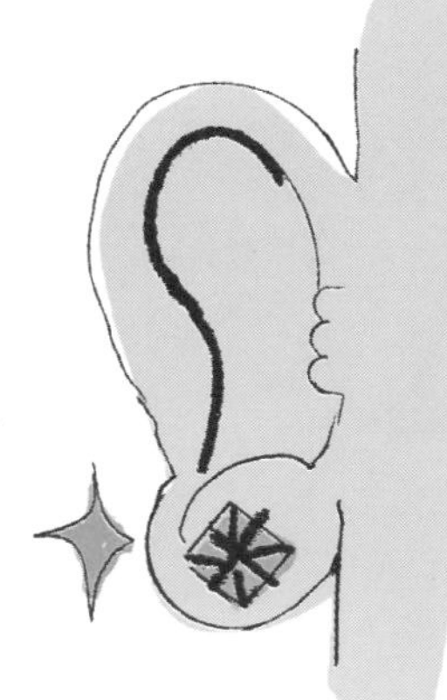

60

给予适当的接触

一天一次,用手去接触世界是很重要的事情,请尽量去传递这种理念吧。

61 提笔写一封书信吧！

62
即便惶恐也可以

过于担心以及感到惶恐是富有想象力的表现，这样的你非常棒。

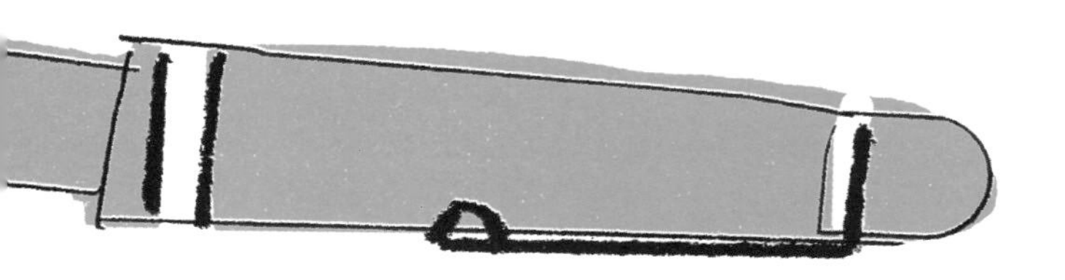

63
仪容整洁

仪表庄重的本质是尽可能地保持清洁干净，比起那些赶时髦的装束，自己用心地动手整理好就行。

64 闭上眼睛

65 不生气

生气不是一件好的事情。即便有什么事，以一颗平常的心看待，不必去生气。

味道很好

食事，保持素材原有的味道，以感恩的心去品尝。所以不管用什么样食材，保持味道的清淡比较好。

66

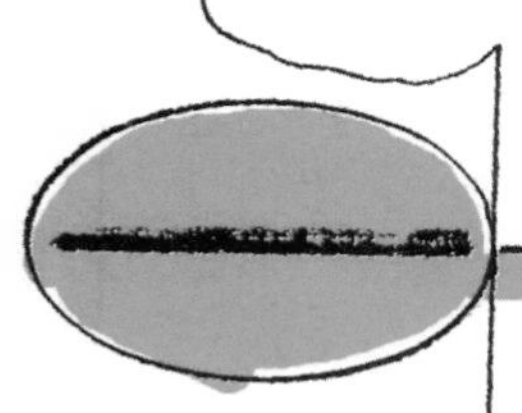

67 不评论伙伴们的事情

在有关伙伴们的事情上，即便多么感兴趣也不要谈论此话题，这是对人最低限度的尊重。

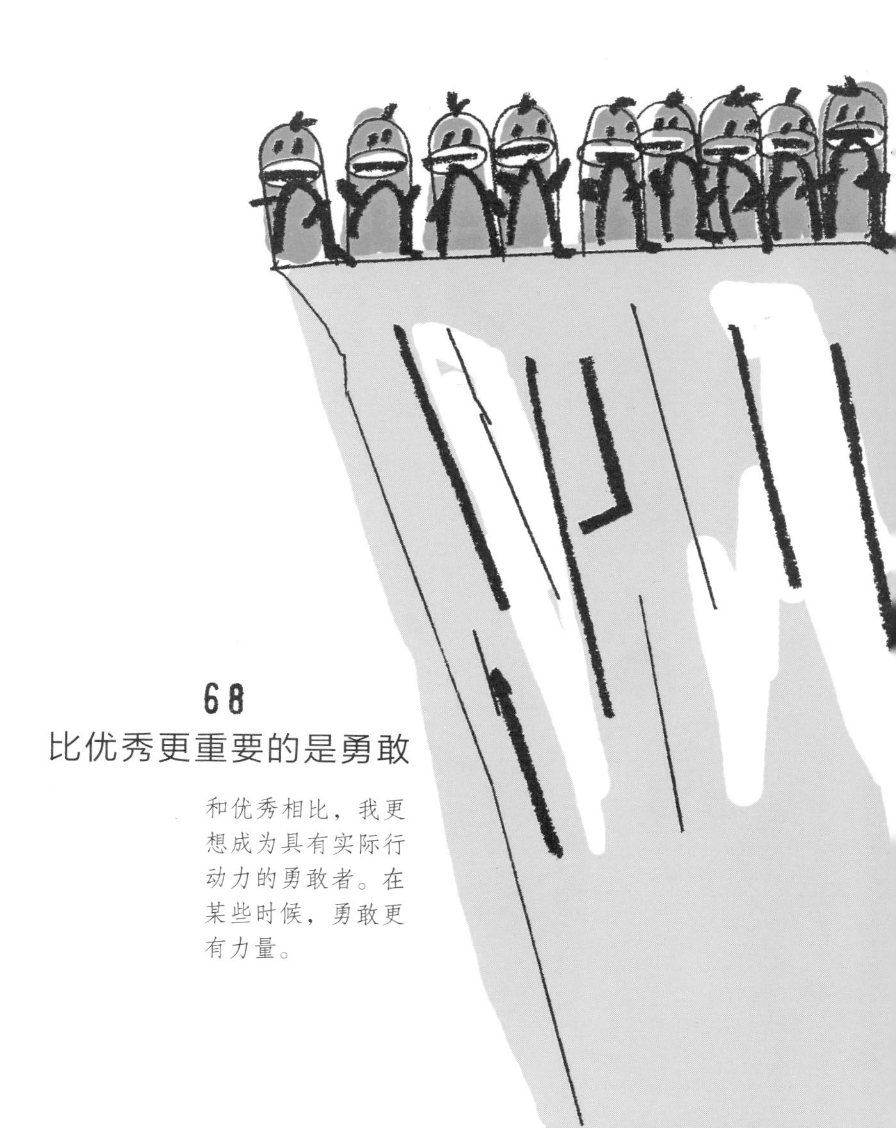

68
比优秀更重要的是勇敢

和优秀相比，我更想成为具有实际行动力的勇敢者。在某些时候，勇敢更有力量。

请注意这一点，自己认为不合意的事情坚决不去做；这不仅仅指人，也同样包含了事情。

不做不高兴的事情

69

70

试着去画画

想法和问题等，如果试着画出来的话，再经过进一步的整理，这样变得更容易理解，新的视角也会出现。

71 试着变换一下场所

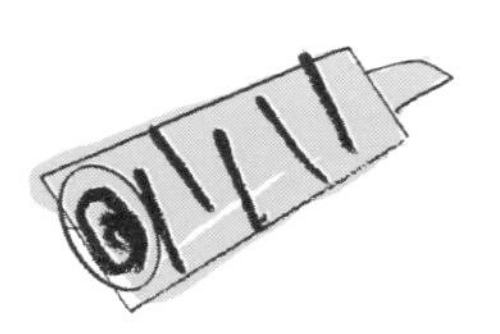

陷入思维困境的时候，试着变换一下场所，不同环境能够激发出新奇和创意。

成功的反面不是失败，而是什么也不去做。因此，不要太在意失败。

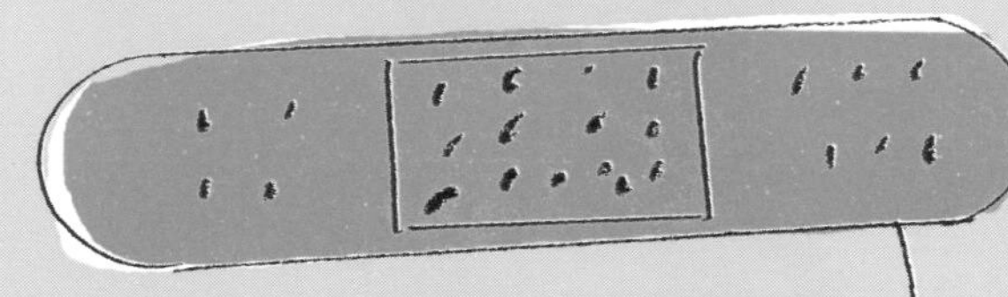

72 失败是对胜利挑战的证明

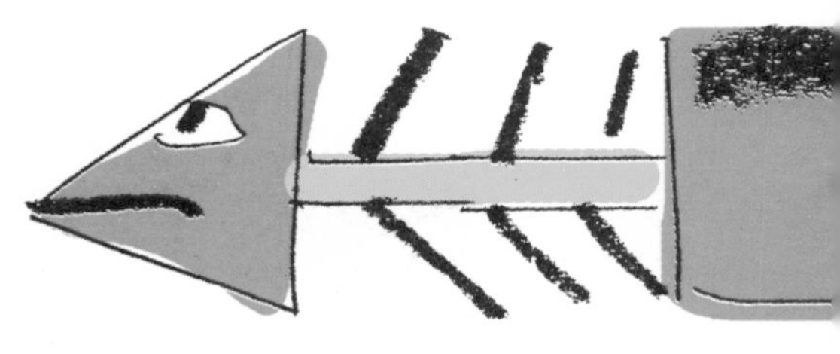

73
思考一下最高的“10”

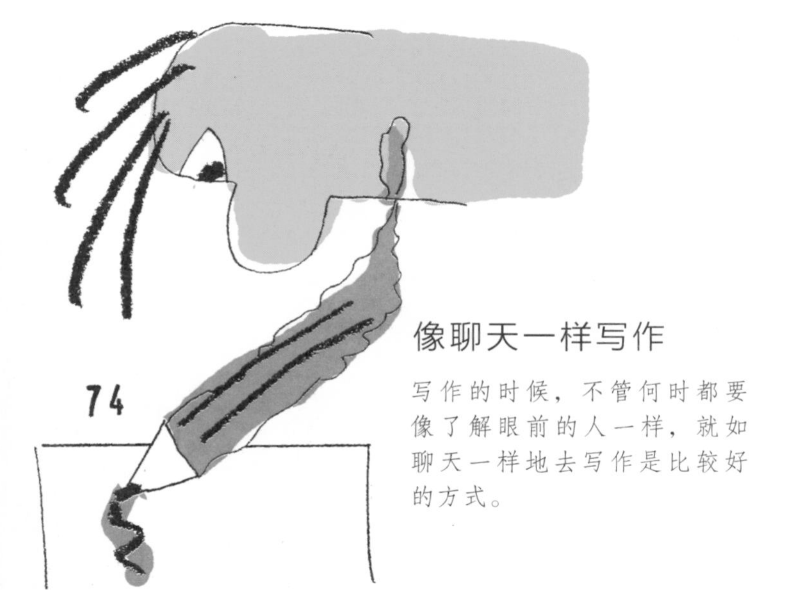

74
像聊天一样写作

写作的时候，不管何时都要像了解眼前的人一样，就如聊天一样地去写作是比较好的方式。

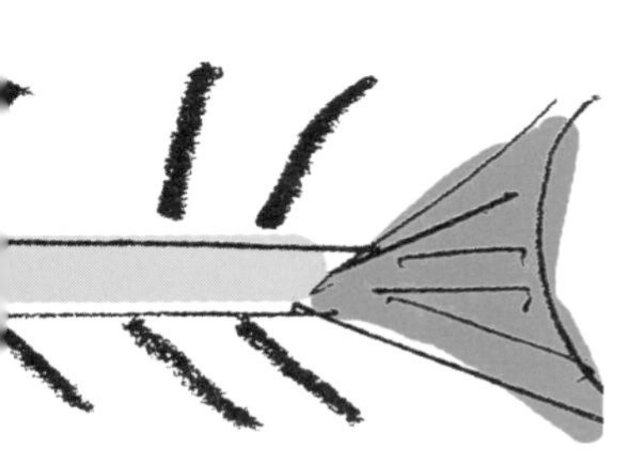

75
开头及中间和结尾

文章的核心是把开头及中间和结尾写清晰明白，独立地书写每一个段落，相互之间有承上启下的联系。

76
遗憾也可以接受

任何事情之中有美好，但一定也有遗憾。遗憾也是人的一生不可缺少的事情。

77 认真仔细

做不熟悉的事情，如果认真仔细地去做，应该还是可以做好。所谓认真仔细指要全身心地热爱和投入。

78
成为自由自在的人

放松自我，成为自由自在的人。所谓自由自在的人，是指拥有独立的良知以及良心。

79
停下手吧！

不要想顺便做某一件事，重要的是每件事都要认真地去完成，这样可以深刻地体会学习和体验的过程。

80 准备要仔细！

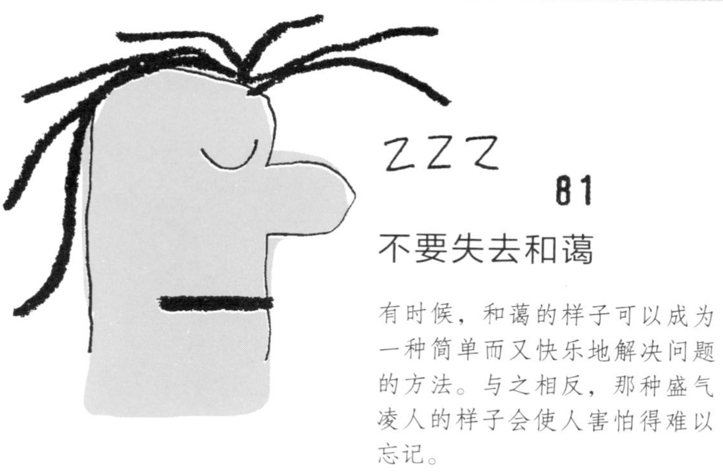

81

不要失去和蔼

有时候，和蔼的样子可以成为一种简单而又快乐地解决问题的方法。与之相反，那种盛气凌人的样子会使人害怕得难以忘记。

和金钱做朋友

善于花钱，不要厌恶金钱，而是要学会把金钱当朋友一样相处。

82

83

不要浪费时间

时间比金钱更重要。时间不能储存也不能停留。那么，以快乐的心去分配时间吧！

别太腼腆

84

紧要关头，大家都不希望你太腼腆了，即便在平常的社交和工作之中，不要太腼腆也是大家遵守的规则。

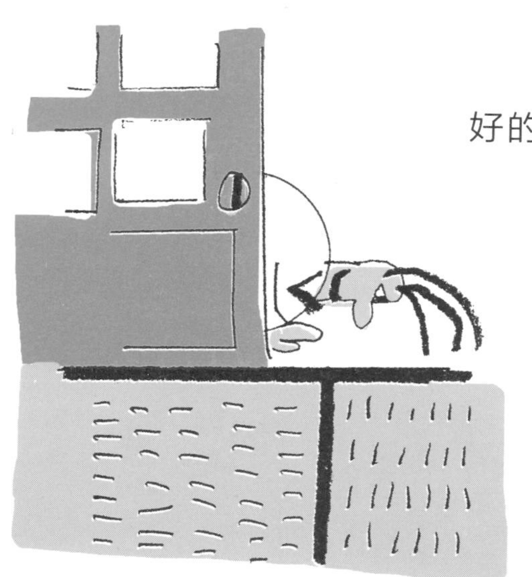

85 好的仪表和品行

如果安排了什么事情的话，不可太邋遢，也不能过于懒散，在任何时候、任何地方都应该有好的仪表和品行。

86 嫌弃之心不可有

不擅长也没关系，不管他是人或事或物，绝不可以嫌弃他们。这样的话，人生会变得很快乐。

87

意见要思考一下再说

发表个人意见的话，会有不清晰的时候。因此在发表意见之前，应对这个问题进行事先了解。

88

事先做好准备

不管做什么事情，总是要开动想象力，不懈怠地对日后可能发生的事情提前做准备。

89

不可穷追不舍

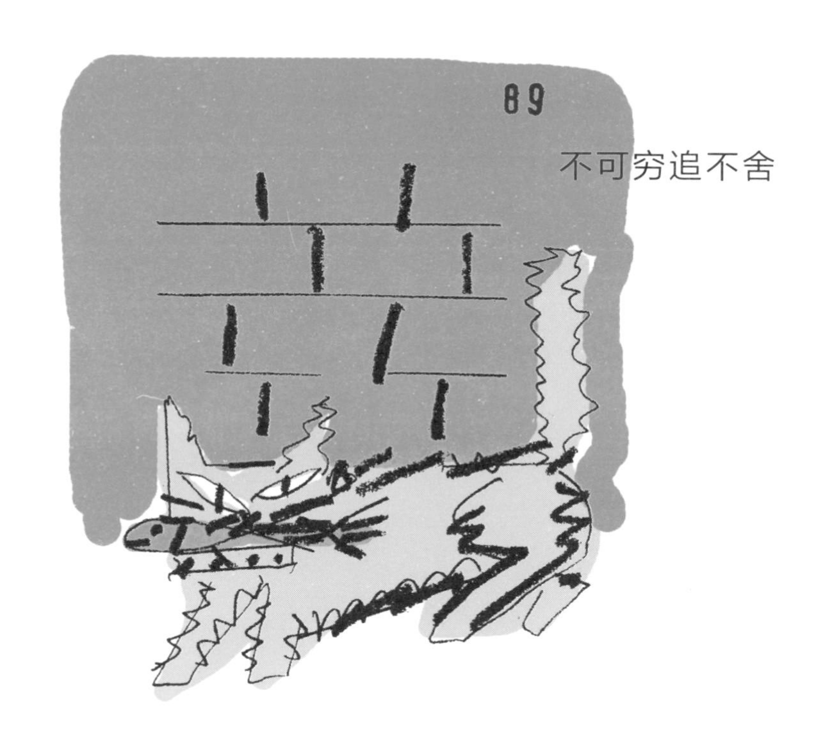

90

麻烦的事情也要开心去做

遇到麻烦事情，以开朗的心态去接纳它，然后努力地去改变，这样就会有好的结局。

91

反复练习基本功

基本功就是不管什么时候都要去思考这件事。其次回到这件事的基本范围内，反复地不断练习，这样所获得的成果将是非常有价值的。

发掘优秀的合作伙伴

92

一个人或许可以很快乐和自由，但是我们应该意识到一个人什么事情也成不了，因此要发掘优秀的合作伙伴啊！

93 与其被爱，不如去爱

从别人那里得到的爱不是爱的真意，任何时候我们都不能忘记拥有爱的心。

94 起点和未来

思考一个观点意见，包括它的起点内因是什么以及将来会达到什么预期，无论什么时候，用具体的语言把这些想法记录下来是很重要的。

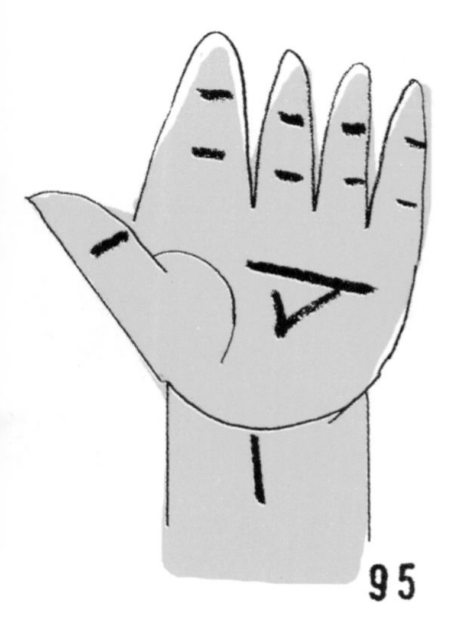

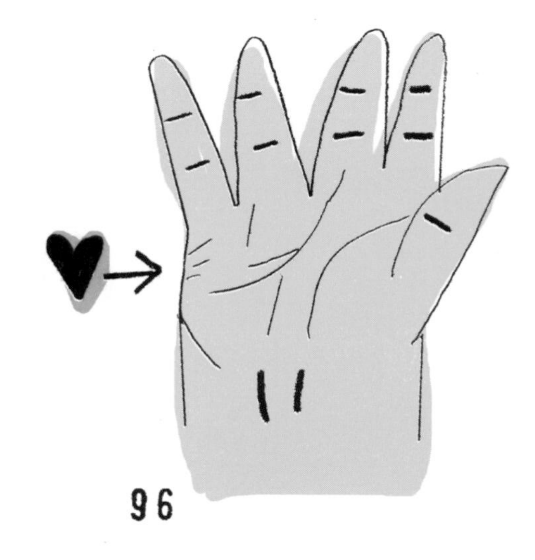

95

为手按摩

感谢经常使用的双手，为手按摩一下吧！任何时候都要关爱为我们付出的双手。

96

想着美好的事情入睡

97

余味之美

不管是料理还是工作等任何事情，要让余味变成很美好的感觉。仅仅是余味之美，这个价值就非常高了。

98 不要背负不平等的怨气

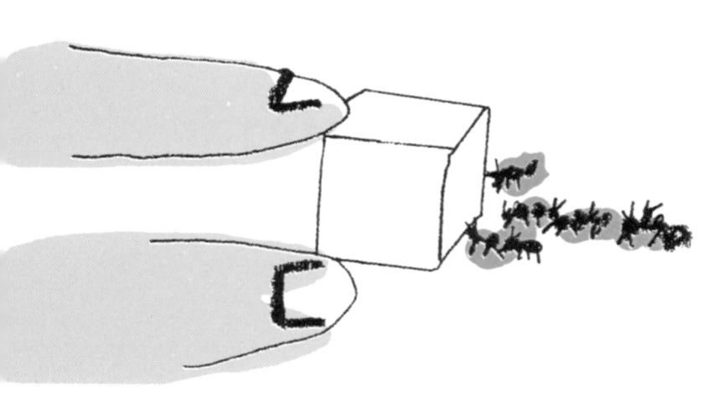

人世间肯定没有绝对平等之事。接受了这个事实后，对那些不平等的事就不要背负于心了。

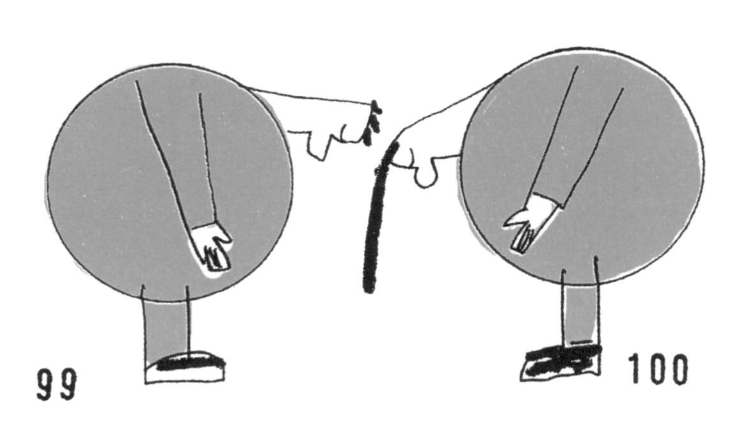

99 怀着敬意之心

对年幼的以及和自己观点不同的人，乃至不管对任何人都应该怀着敬意的心，人和人之间不能有那些没有敬意之心的关系。

100 不要忘记谦虚

谦虚和朴实是我们一生要遵守的，越是上了年纪的人，越应该遵守谦虚和朴实的秉性。

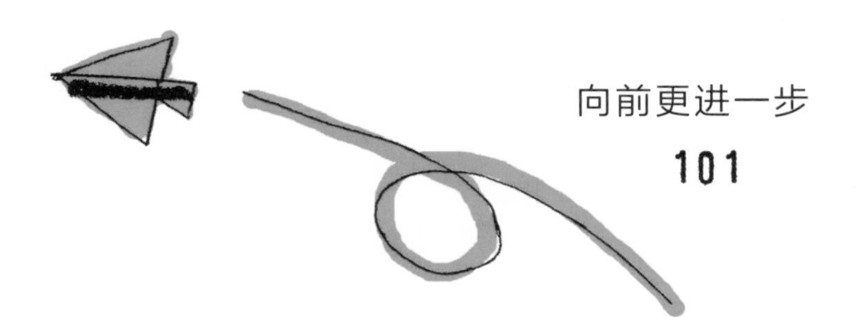

向前更进一步

101

每一天都需要有快慢的节奏，有时候大脑和内心紧绷的弦要缓和一下，放松身体，发发呆也好。

即便发呆也好

102

面对繁重的事情以及棘手的工作等，要牢记不可独自逞能，无论什么时候都可以寻求他人的帮助。

不可独自逞能

103

104 拥有新的精神

新的精神就如刚出生的婴儿一样，就是没有一点杂染的纯净的心，如此可以带来很多的感动和惊喜。

105

优雅的礼仪

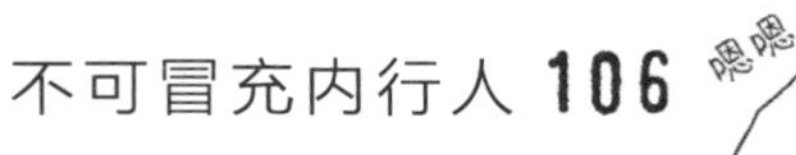

不可冒充内行人 106

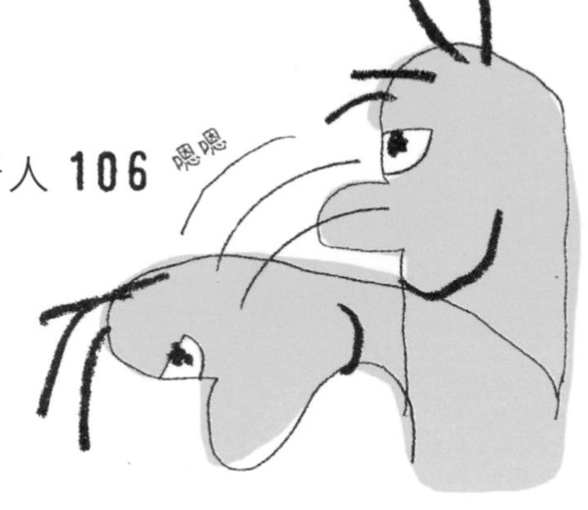

不懂装懂是要吃亏的，不知道一些事情并不耻辱，正因为不知道所有才会有学习的机会。

107 准备点赠品

准备一些超过原有的期待值的东西，哪怕是一件小小的赠品也好，因为没有人会嫌弃赠品的。

长期使用的东西 108

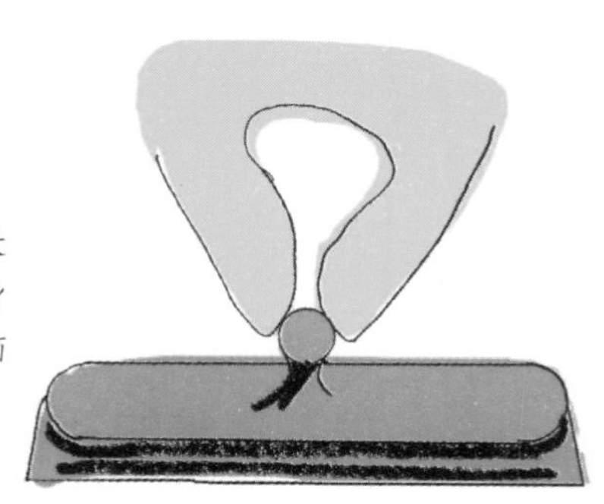

思考一下什么东西拿到时会长期使用呢？某一天如果不在身边的话，它会不会变成为苦恼的伴侣呢？

109 请低一下头

跟谁都低一下头，保持从头学到尾的感谢之心，就像这样去待人接物。

110 不放弃，坚持到底

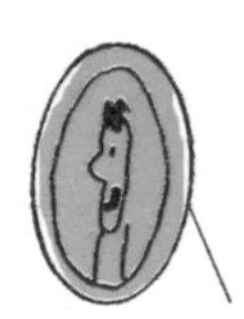

即便是艰辛或者苦恼抑或困难的时候，都要保持微笑。微笑是良药，可以为我们解决很多事情。

111 微笑可以成为治愈的良药

112 答案和方法有多种

要知道，答案并非唯一，一定还有很多种答案和方法，因此不能被局限于某一答案。

谅解之前有自知之明。以自知之心去接纳事情是非常重要的，不能仅仅停留在谅解的层面，要向自知的层面靠拢。

比谅解更重要的是有自知之明

113

114

对手就是恩人

无论什么时候，对手总是告诉我们他认为是正确的事实。因此，对手是帮助我们学习的重要恩人。

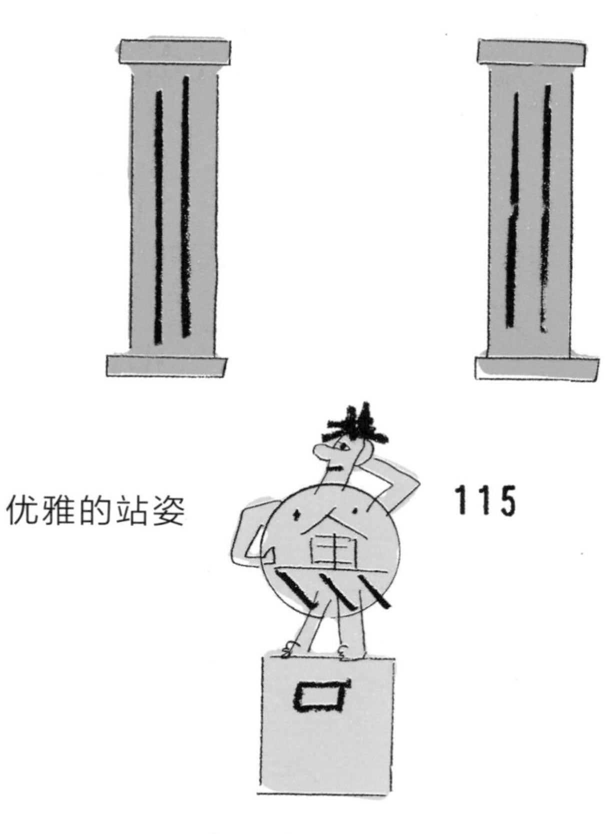

优雅的站姿

115

多注意休息

116

由于人的注意力不能持续地集中，所以要好好地休息，松弛有度。

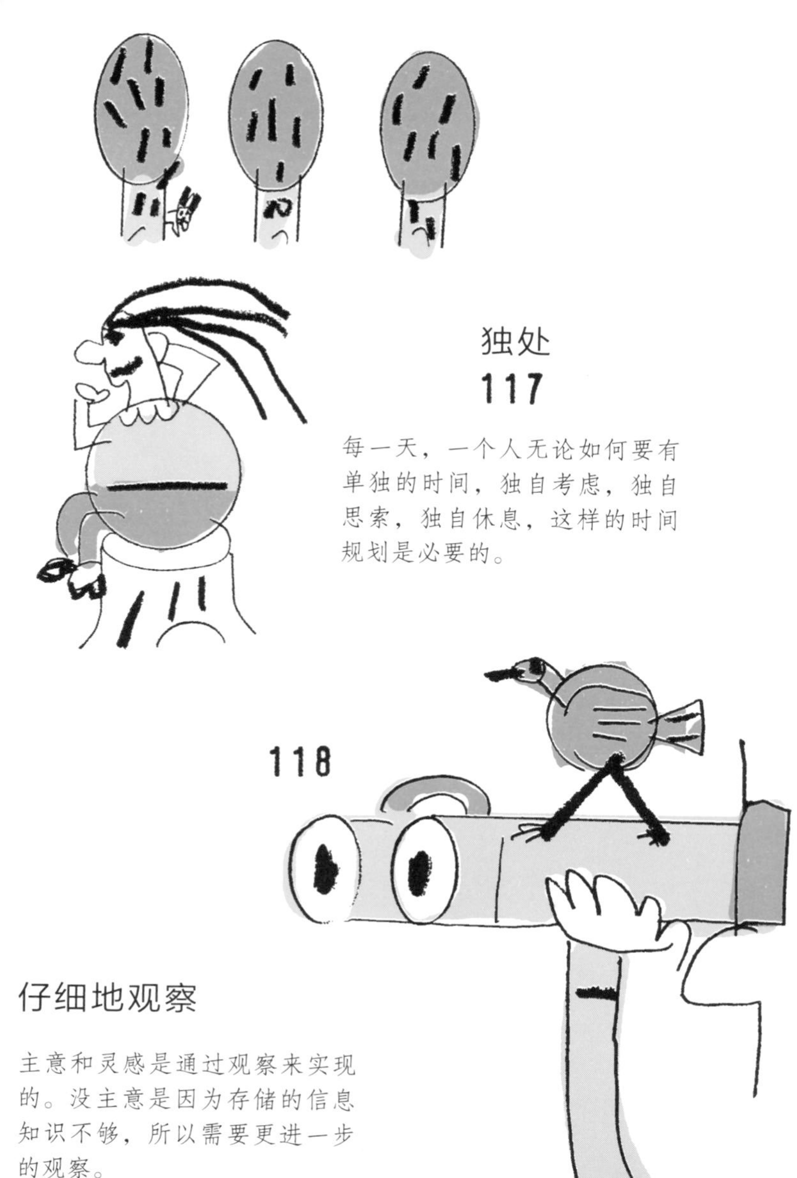

独处
117

每一天，一个人无论如何要有单独的时间，独自考虑，独自思索，独自休息，这样的时间规划是必要的。

118

仔细地观察

主意和灵感是通过观察来实现的。没主意是因为存储的信息知识不够，所以需要更进一步的观察。

119

不要憎恨

120

经常保持冷静

不要感情用事，要时刻提醒自己保持冷静，因为只有冷静的时候才能做出正确的判断。

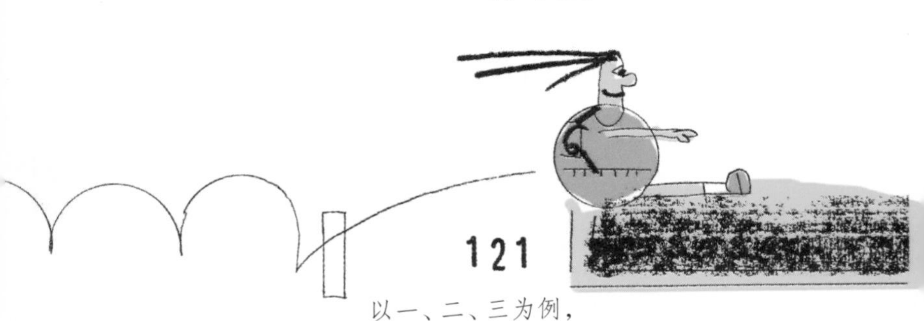

121

合理的节奏

以一、二、三为例，从一数到三然后返回到一，按这样的节奏去散步。在生活中要发现我们自己的节奏。

122

了解不知道的事情

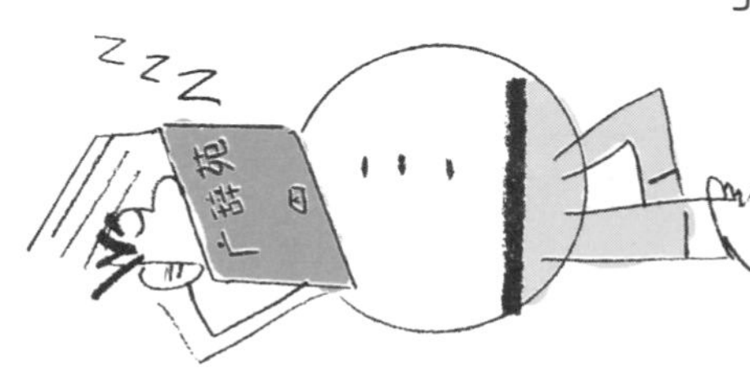

对自己不知道的事情尝试着去调查它是什么。不知道的事情或许是好的方面，因为新鲜快乐的事隐藏其中。

（注：《广辞苑》是日本最有名的日文辞典之一。）

改变习惯

123

要培养定期审视自我的习惯。习惯是因为爱好，不知不觉地成了常做的事情。

仰望天空

124

不要总是低着头，一日之中尽可能多次抬头仰望天空，这样就可以发现自己的渺小。

逃跑也重要 125

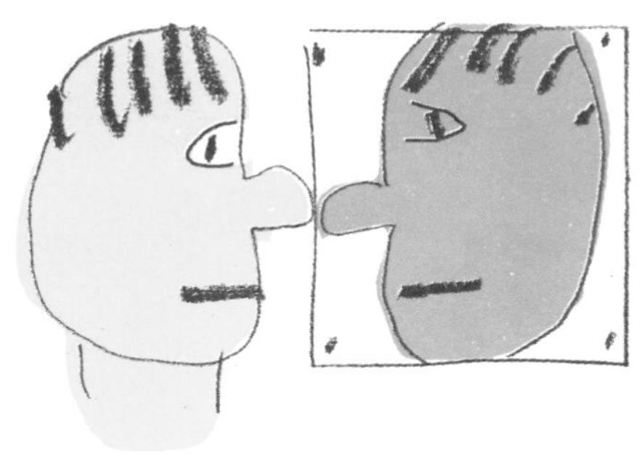

126
如果这样考虑的话……

如果是这样的话，如果成为这样的话，如果自己是这样的话……从不同的情况和立场去思考询问。

127
与使用蛮力相比，巧劲更好

把力量看作一只动物，那么，想想怎么做才是恰到好处的巧劲呢？

时间不停留
128

生机勃勃的活力是重要的，时间不会静止着不动而等谁去做选择。

一开始就怀着感恩之心

结束后怀着感恩之心

129

不管什么事情，也要全身心地怀着感恩的心态，这样开始去做。

130

不管做什么事情，直到结束也要满怀感恩之心。

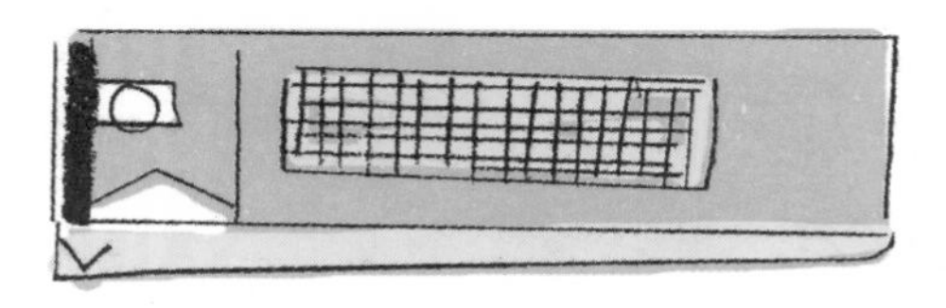

使用后恢复整洁 131

虽然是理所应当的，但也不容易完全做到。与借之前的状态相比，以更加干净整洁的样子返还回去。

132
即便看一眼水果也很开心

133
不拘泥于胜负

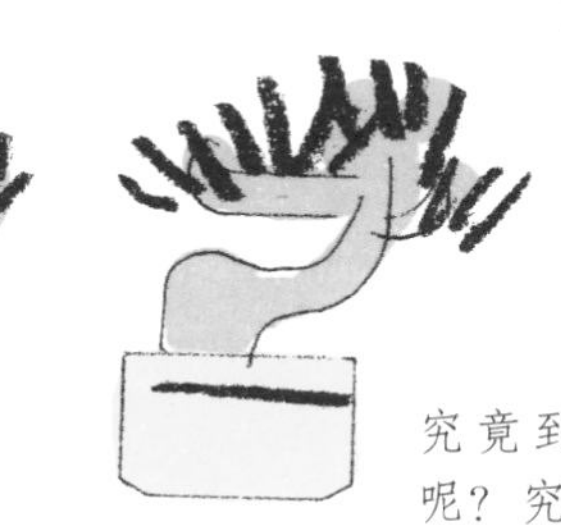

究竟到什么程度自己才快乐呢？究竟什么样子才算是尽力了？因此，不要拘泥于胜负，学到知识才是最重要的。

134
想吃什么了呢？

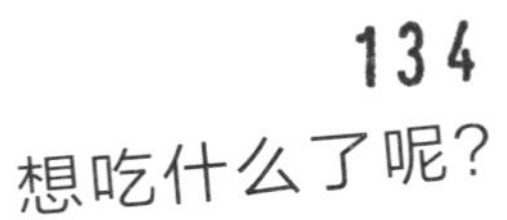

此刻，你想吃点什么呢？甜的？麻的？谈谈你自己对于食物的看法。

充分地放松

放松是很重要的，要充分地放松自我，像这样成为一位优雅的人。如果放松自如的话，那就是进入状态之中了。

136

和植物对话吧！

植物有也生命的意识。每天，请和植物说说话吧。这样植物会给你美好的回报。

137

看清事情的本质

无论对什么事情，不仅要用眼睛认识外表：就算眼睛看不见的内部本质也要很好地去观察。

138
遇到困难的时候请人帮忙

139
试着深挖看看

对自己感兴趣的事情试着追根究底地深挖一下，一旦深挖下去后，就会发现有价值的宝物了。

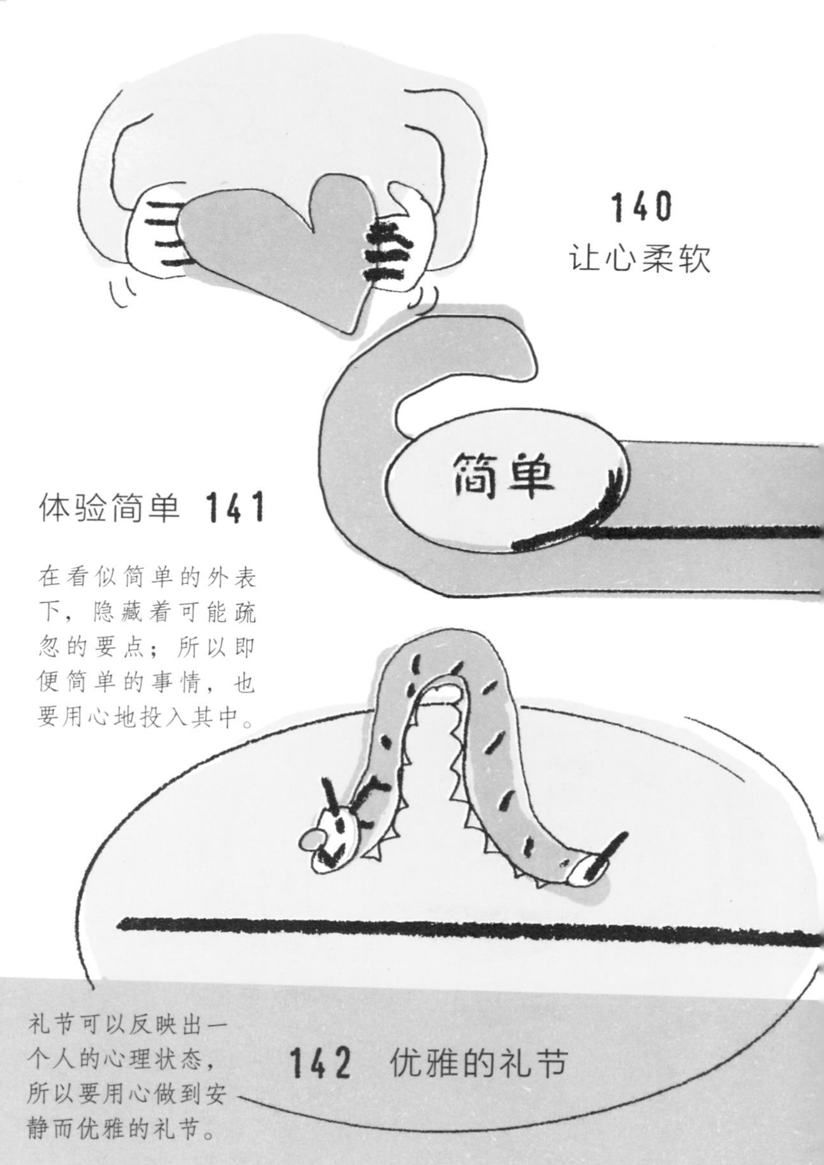

140
让心柔软

体验简单 141

在看似简单的外表下，隐藏着可能疏忽的要点；所以即便简单的事情，也要用心地投入其中。

142 优雅的礼节

礼节可以反映出一个人的心理状态，所以要用心做到安静而优雅的礼节。

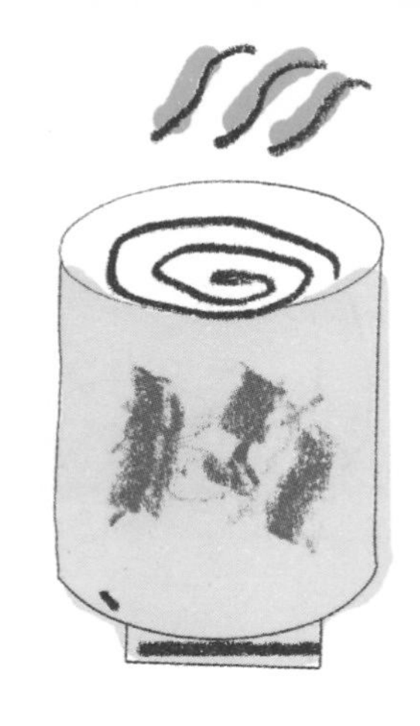

143 平凡中不平凡

没有必要去希求特别，往往平凡的事情是最幸福的，让我们步入平凡且朴实的人生吧！

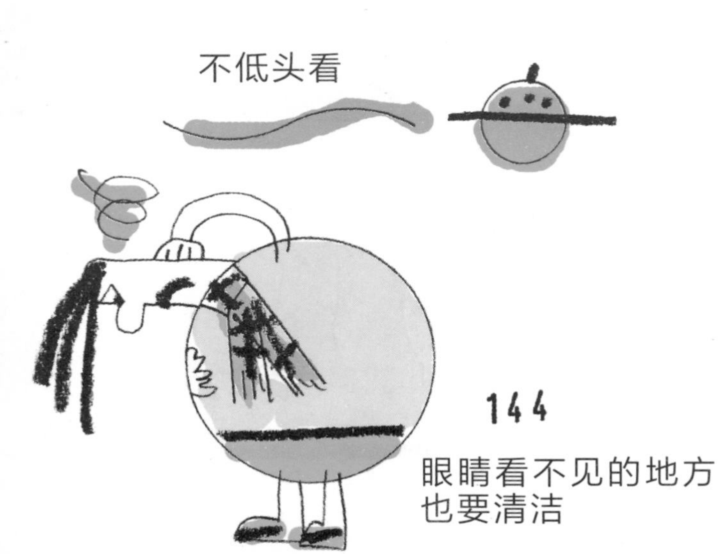

144

眼睛看不见的地方也要清洁

任何人都知道把眼睛能看见的地方整理干净；然而，在生活中，即便那些眼睛看不到的死角也要保持整洁。

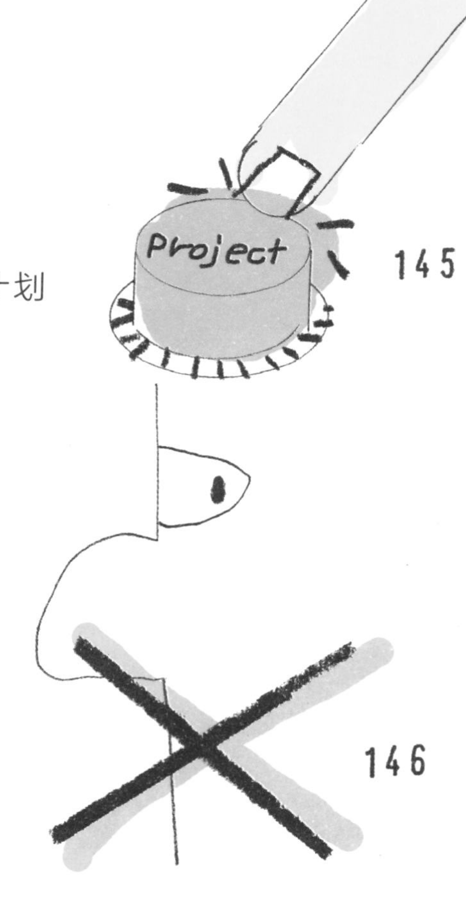

145

预定自己的计划

尝试着去规划自己喜爱的计划，哪一方面都可以。从何时开始至何时结束，适当地去规划一下。

146

147

不要说“麻烦”二字

正因为麻烦的事情出现了，快乐就被隐藏住了，所以不要说“麻烦死了”这样的话语。

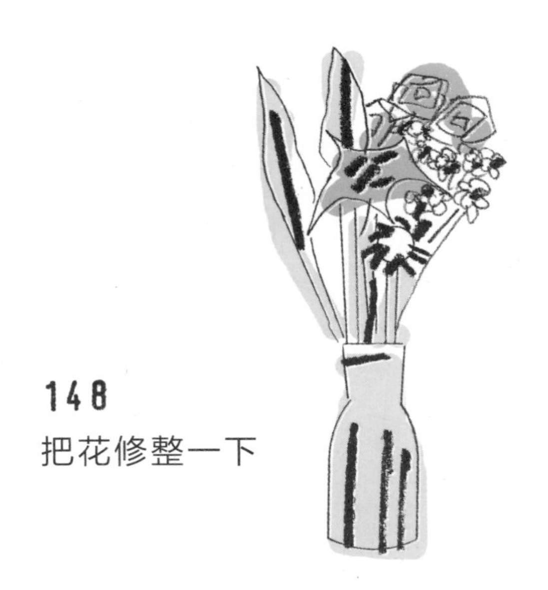

148
把花修整一下

149
说梦话

思考一下梦是什么，然后回想梦的主要内容。因为这个梦，现在你应该知道该做什么了吧。好好地探讨一下！

150 优雅地使用筷子

用餐的时候，用筷子的样子要优雅。拿着筷子上面的一方，轻轻地使用。像这样优雅的姿势，是对料理抱着感恩的心情。

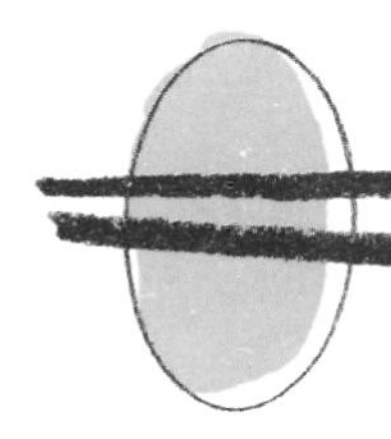

151 感谢双手

对自己的双手要倍加爱护，因为这双手可以做很优秀的事情，有着不可限量的作用。

触摸宝物 152

你拥有的宝物是什么呢？宝物不仅仅可作为装饰品佩戴，你有好好地与之接触吗？

153

即便一个人的时候

即使在没有任何人的情况下，自己也不散漫不羁，应该认真且优雅地生活。

154

安静的举止

没有浮夸且无规律的举止动作吧？在安静、柔和、优雅的举止上用心。

内心也好，生活也罢，就是工作方面也要留一点私人的空间。因为私人空间可以充分地使自己快乐。

留点私人空间

155

忘记吧

156

就忘掉那些讨厌和麻烦的事情吧！然后去考虑新鲜的、高兴的、快乐的事情。

157

每一天所选的事情排满了，正是因为这样，要慎重地考虑一下这些事情是必须要做到吗?

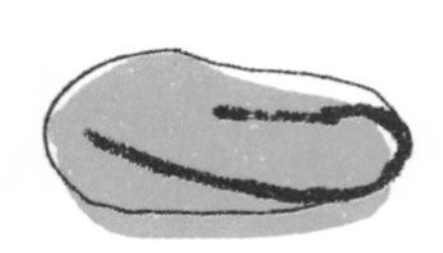

慎重的选择

158

约定培养了人和人之间的信任感。没有人和自己预约的话，那么要注意从自身寻找原因。

约定从自己开始

如果染上了对什么都感到不满足的习惯就麻烦了。应该要懂得知足以及怀着感恩的心。

159 不满足的病要治

160 如果增长了就要去减少

如果什么新的事情增长了的话，一定要去把它减少一点。任何事情都要保持平衡状态。

161

去探寻一个像朋友、家人以及心仪的人一样的树木，可以和它交流对话。

寻找喜欢的树木

低落的时候
想想得意的事

心情沮丧时，回想自己经历的得意的事情，自信心就会慢慢复活。

162

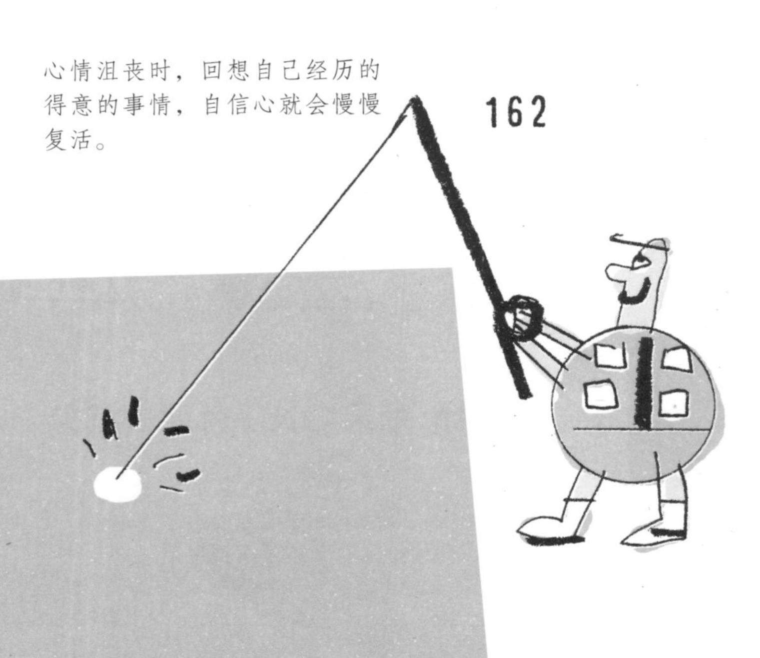

多下功夫

不管什么时候都要下功夫。试着像……做，就像这样下功夫地做事情。

163

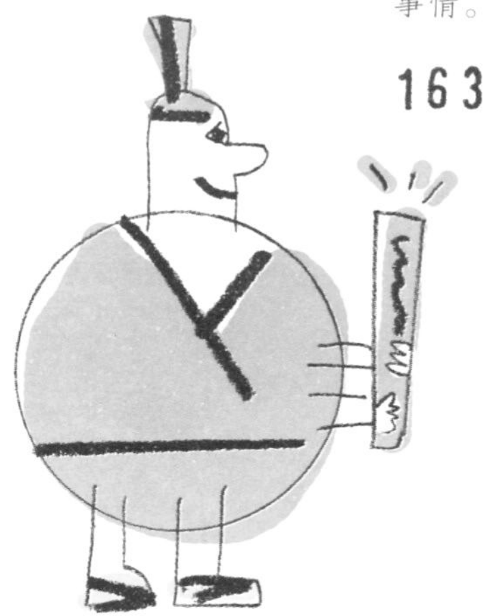

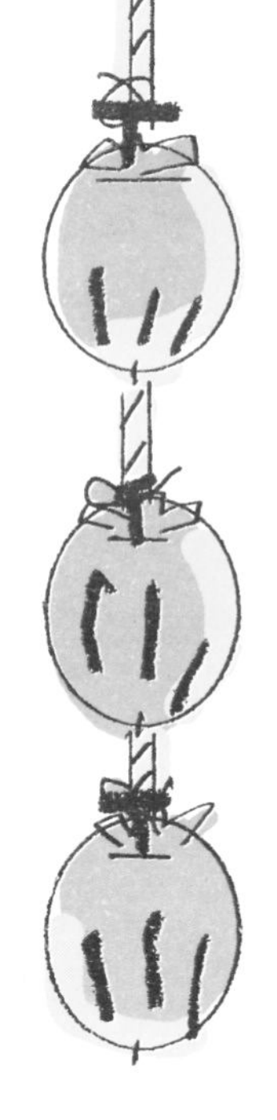

任何时候都要意识到历史

164

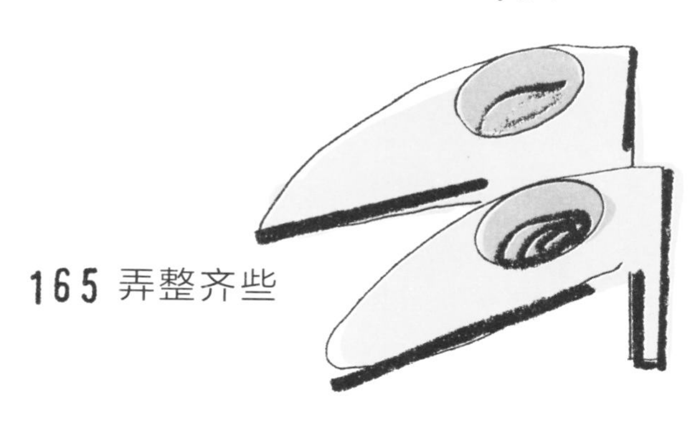

165 弄整齐些

实际行动 166

就算想出了一些好的主意，而什么都不去做就没有意义了。总之，要去实际行动才有效。

167

接受孤独

孤独是人生的条件，正因为孤独，人才会有优雅以及慈爱。

不可贪得无厌

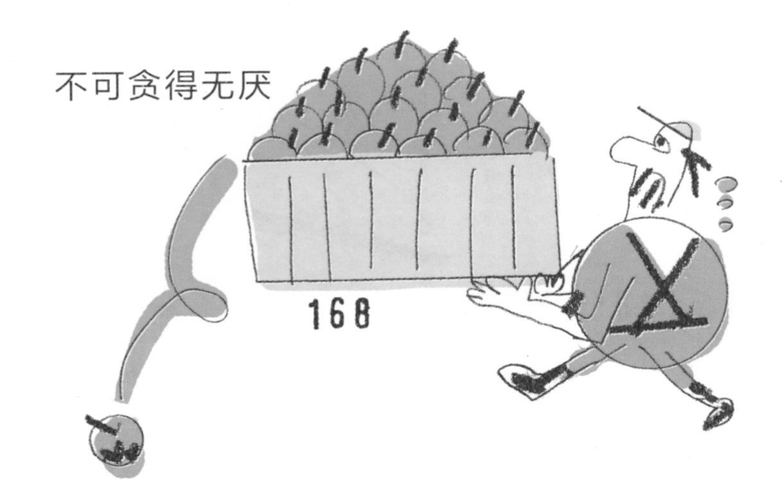

168

不说“暂且”

请注意“暂且”这个词，不要把它当成口头禅，因为“暂且”给人的感觉是事情没有进展的意思。

169

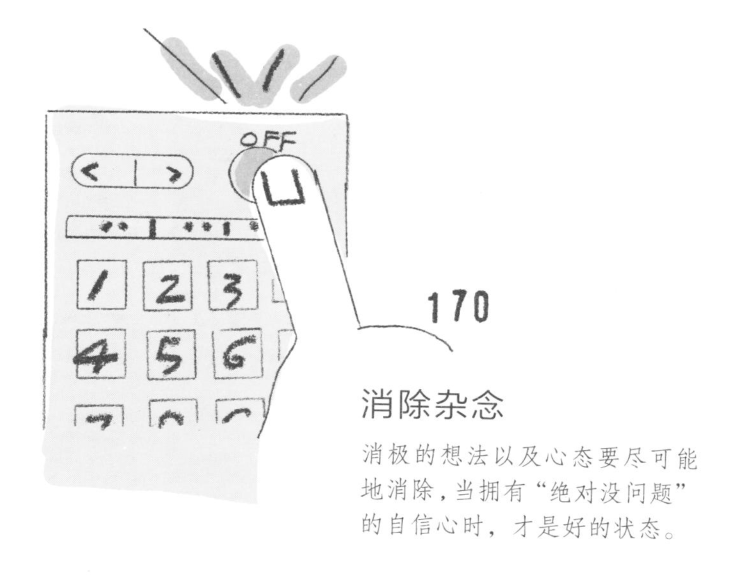

170

消除杂念

消极的想法以及心态要尽可能地消除，当拥有“绝对没问题”的自信心时，才是好的状态。

人也有高兴的事情 171

高兴以及愉悦的事情等要与人分享哟。这样会使高兴和愉快的经历不断地循环下去。

不能归咎于别人 172

把与自己有关的事及其原因，归咎于别人以及不去学习，这样自我的成长就停滞了。

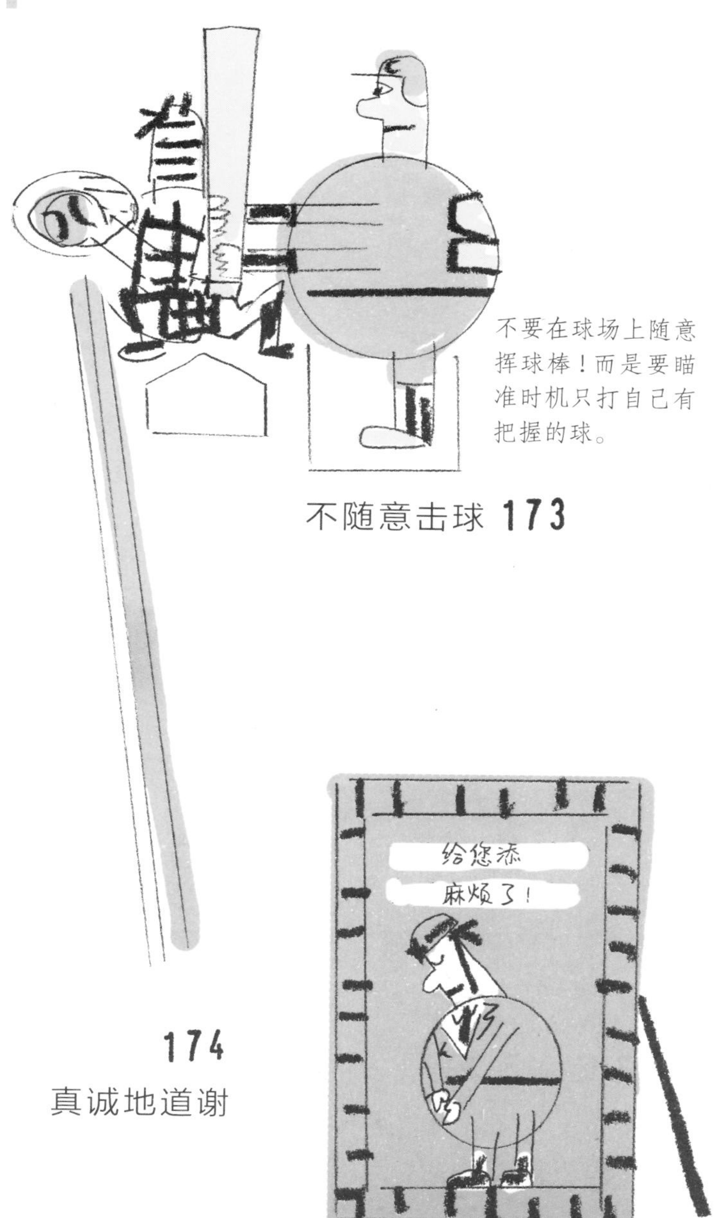

不要在球场上随意挥球棒！而是要瞄准时机只打自己有把握的球。

不随意击球 173

174

真诚地道谢

不要把人晾在一边

175

176

不让别人久等

约会以及工作上的碰头会等不能让大家久等，稍微早一点去，也可以早点结束。

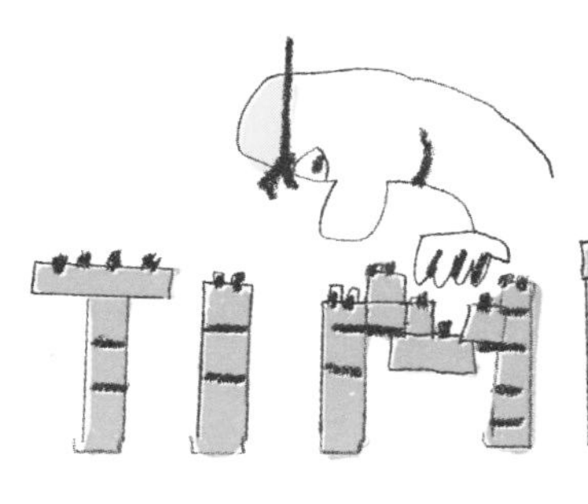

时间是挤出来的

177

不要说没有时间。所谓时间不是谁给予的，是自己挤出来的。

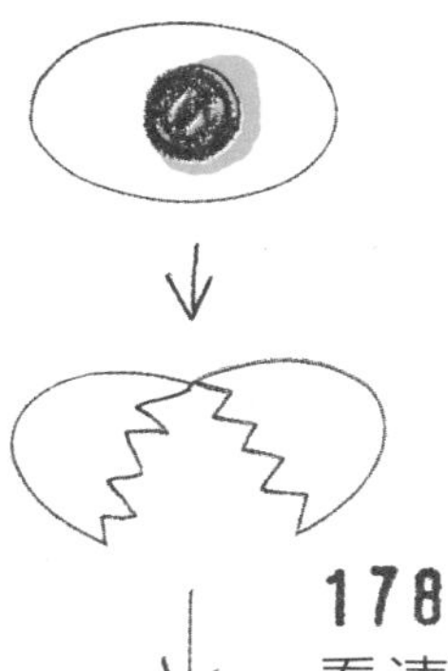

178

看清本质

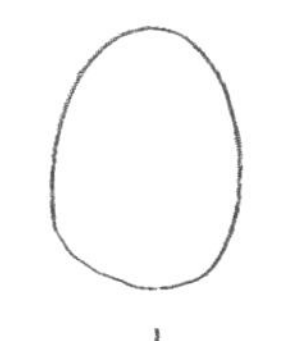

为什么？是什么？怎么样？怀着这样的好奇心去仔细地观察事物，即可看清其本质。

179

不要说不满的话

不要说不平、不满的牢骚话。与这种发牢骚相比，为了解决问题去好好地思考、善于去理解、认真地去实践更重要。

不能假装不知道

对于这里正在发生的事情漠不关心是非常不好的行为；人和人之间，以真诚关怀的心去相互帮助吧！

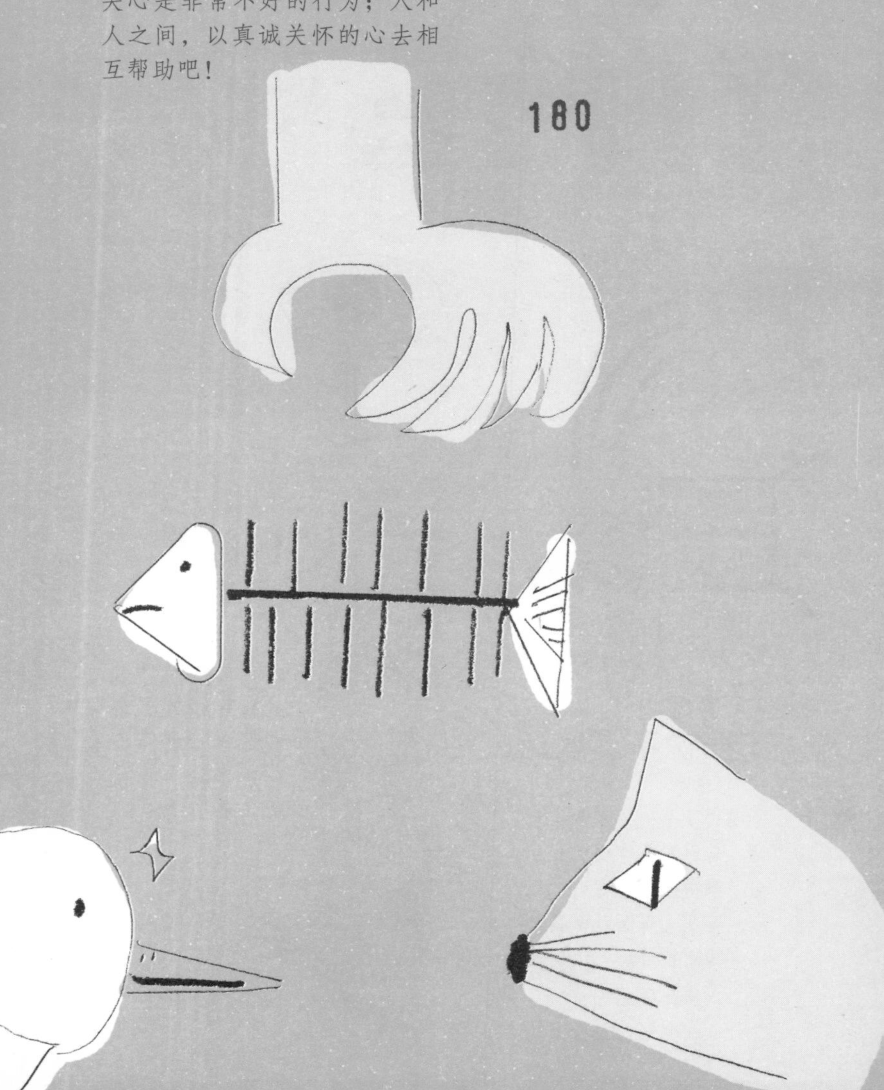

请教

如果有不懂的问题时，怀着诚恳的心去请教这方面的行家。

181

想要获得友好的人际关系的话，就不要去支配别人。即便是恋爱中的人，在人际关系方面也不要去支配人。

不要支配

182

183

善巧地拒绝

被人拜托什么事情的时候，贸然拒绝他的请求是不合适的，所以不能太死板地拒绝拜托的人。

184

直视对方

特别是在人际关系之中，立刻回应对方很重要。不能斜对着别人坐，也不能端着架子坐。

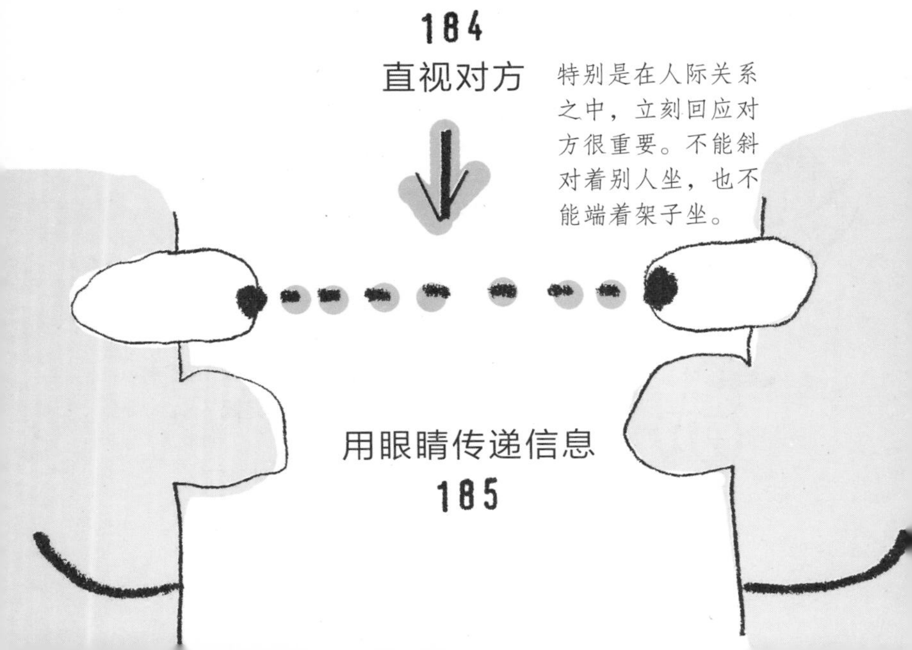

用眼睛传递信息

185

在任何时候，不管什么事情都可以重做。如果拥有再次做的勇气，就能随心所欲地去挑战了。

186
再次做的勇气

187 狡兔三窟

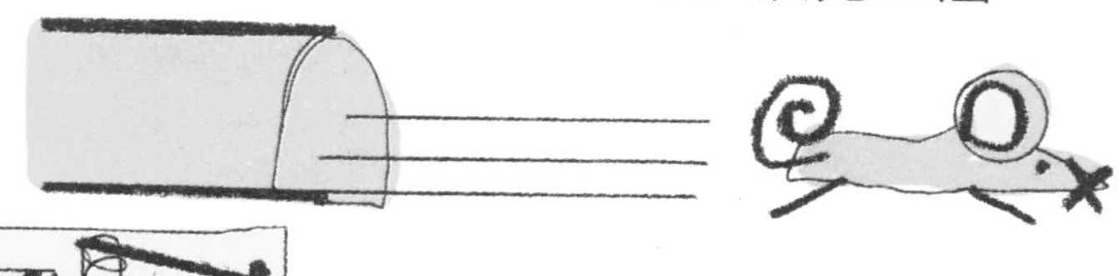

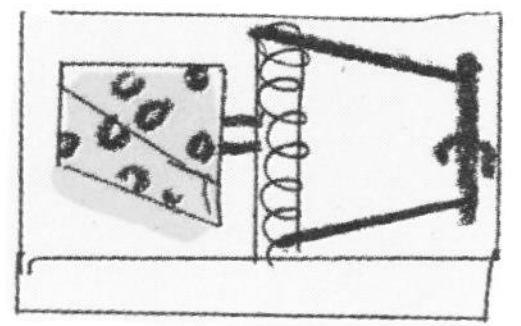

比如吵架的时候，可能会发生什么呢？千万不要把人的后路给堵住了。

188
爱一切

去爱一切吧！想象一下，去爱家庭的每个成员。要知道，拥有无比温暖的心是多么美好的啊！

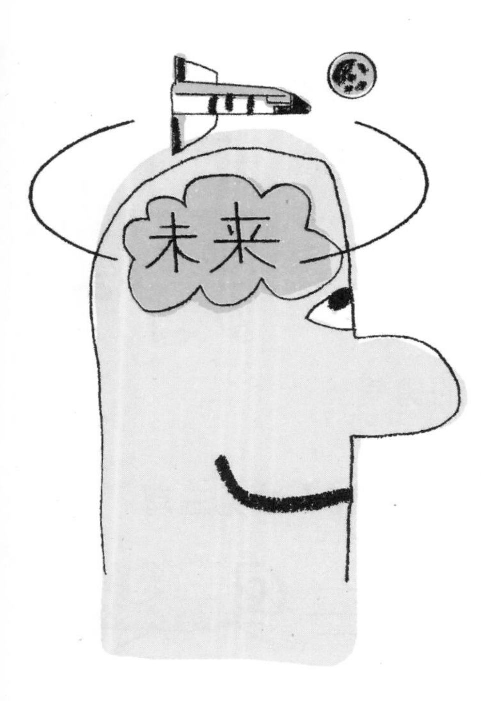

思考未来

189

不要拘泥于眼前的事情，去考虑更长远一点的未来之事。面向未来前进吧！

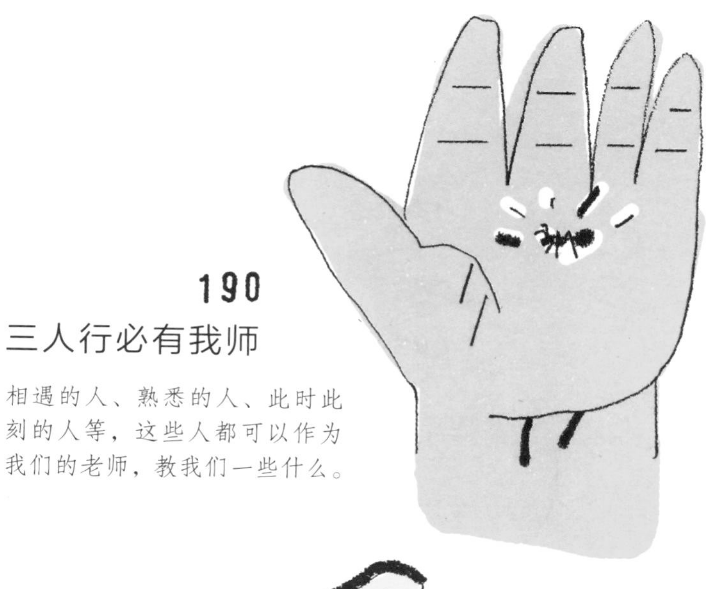

190

三人行必有我师

相遇的人、熟悉的人、此时此刻的人等，这些人都可以作为我们的老师，教我们一些什么。

191

不说谎

退一步海阔天空 192

不要争先恐后地去抢，保持谦让之心吧！至多以退让一百步为限，不管何时都不会超过吧！

所谓分配，就是从别人那儿得到东西，不要有独自享用的心态，随时随地和别人分享吧。

相互分配 193

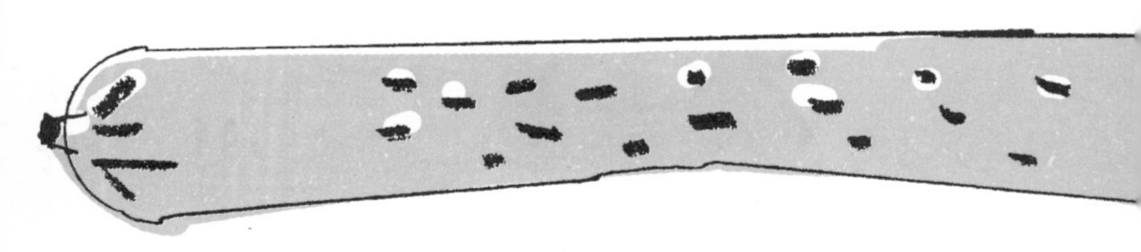

194 小的礼品

和人见面时，即便准备很小的一点礼物也是很好的。这样和别人见面后，就充满了喜悦的感谢之情。

不要背对着别人
195

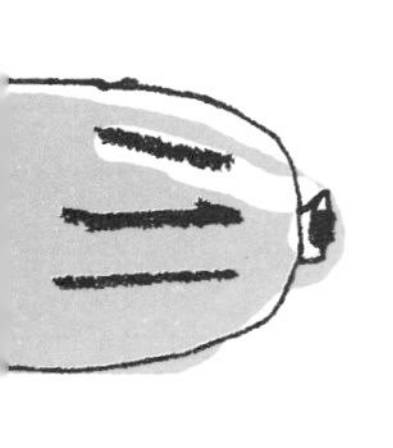

夸奖的时候，用简单、清晰、明了的语言满满地去赞美，这样的话，人际关系就会变得更好。

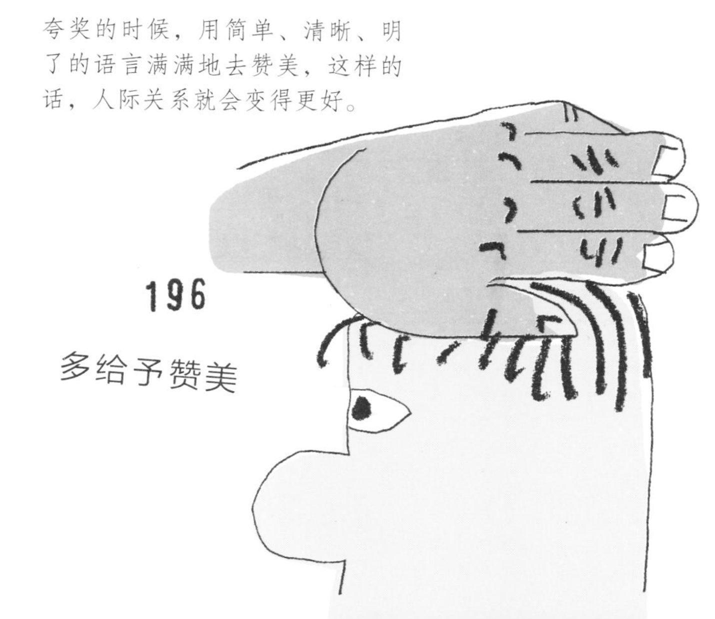

196
多给予赞美

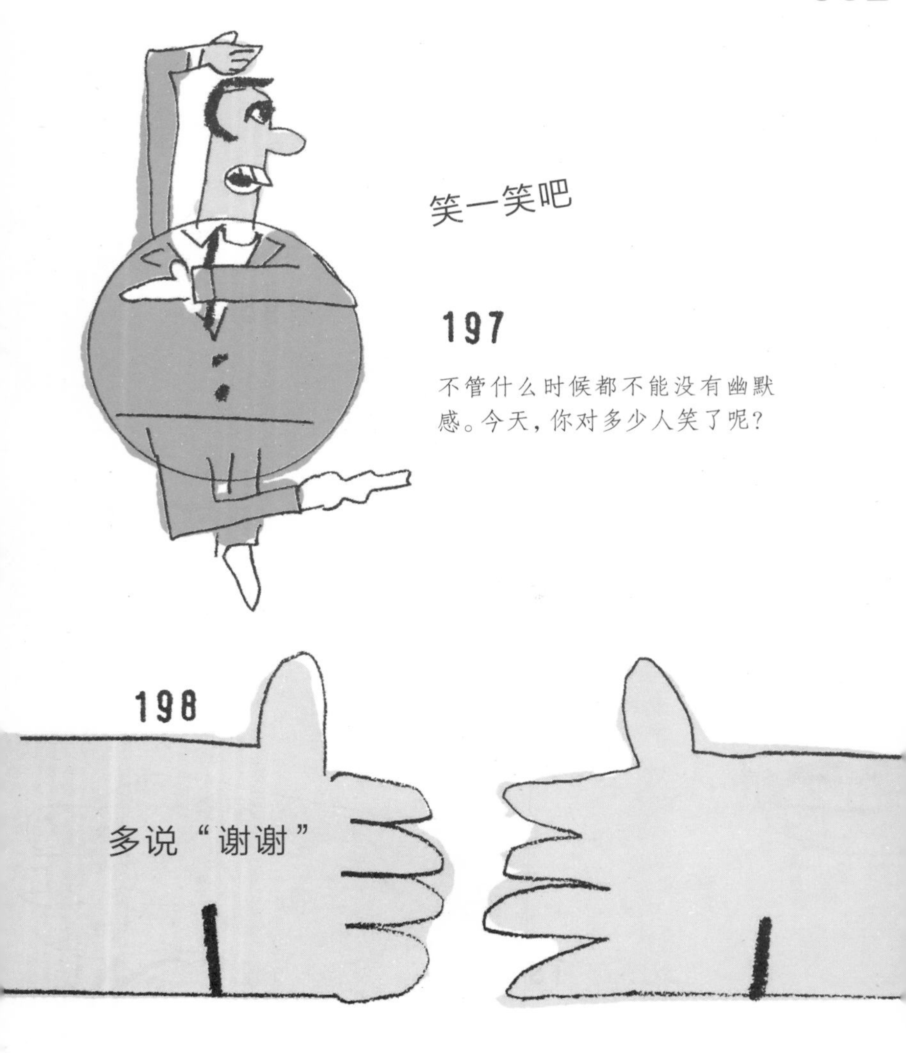

笑一笑吧

197

不管什么时候都不能没有幽默感。今天，你对多少人笑了呢？

198

多说“谢谢”

听到什么喜悦的事情，或者获得别人帮助的时候，马上要表达感谢之情。

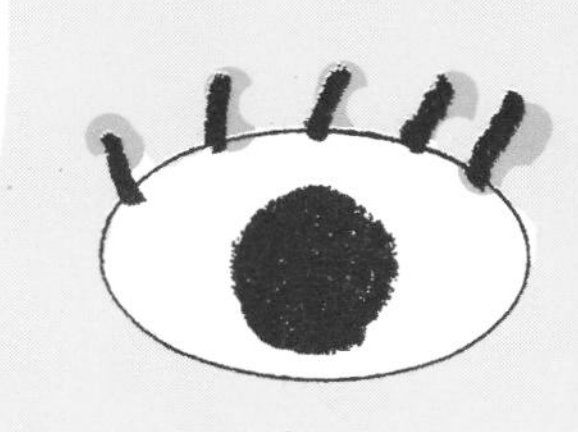

199
看着眼睛说话

和人交谈的时候，看着对方的眼睛说话是很重要的事情。用充满和蔼、温暖、爱意的眼神去相互交流吧！

200
愉悦的声音

在面对别人说话时，要用愉悦且洪亮的声音，同时考虑到对方以及周围的人的状态。

201 传递爱意

交流的目的是传递自己的爱意。首先，为了让别人认知自己而打开心扉。

202

时而停住脚步

迅猛地往前奔跑时需要注意一下，途中应该停下脚步，检查身体各方面的状况。

请记住无论什么东西都有其优点，进而全新的、优秀的亮点会不断地增加。

203

发现亮点

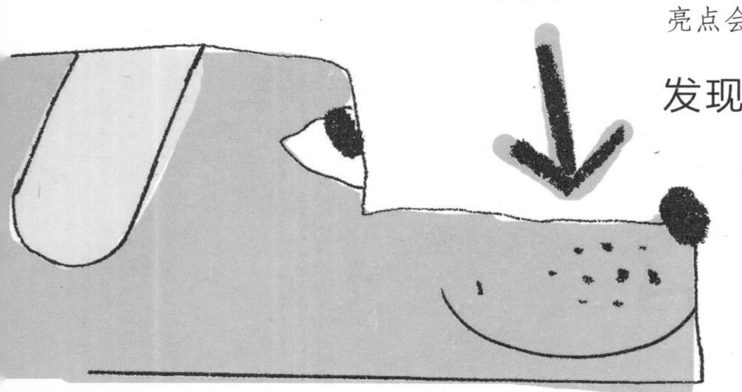

204
擦拭一下

整理东西时不光要整洁，还要具备擦亮事物外表的意识。

205
使用语言

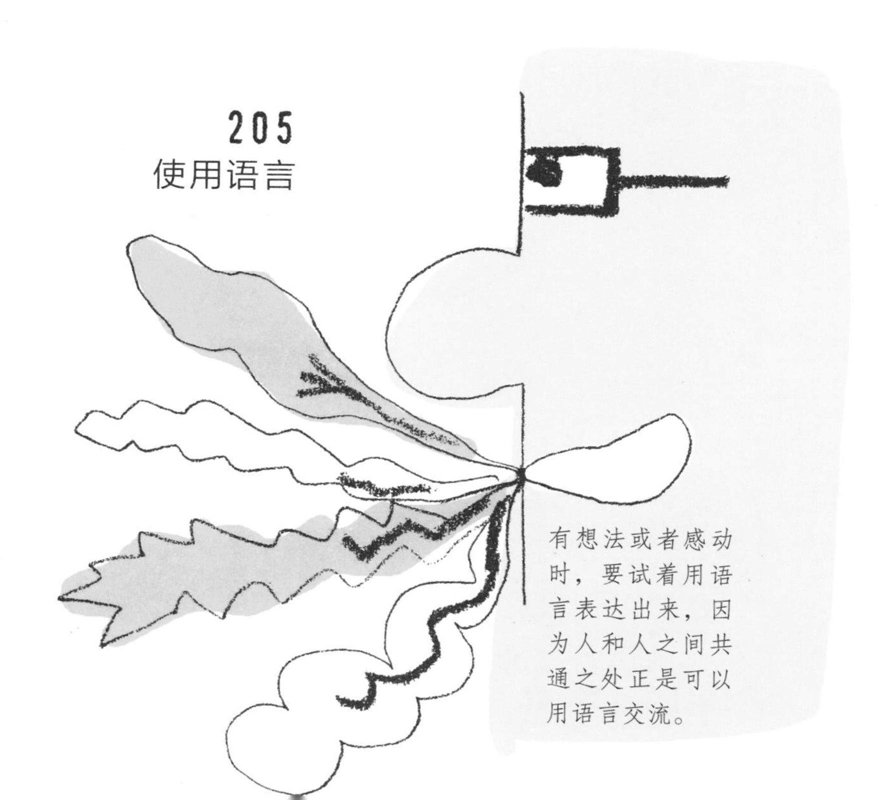

有想法或者感动时，要试着用语言表达出来，因为人和人之间共通之处正是可以用语言交流。

人是前提

不管什么工作，不能忘记都是有血有肉的人干的。那么思考一下，同样是人的前提条件下，应该……

206

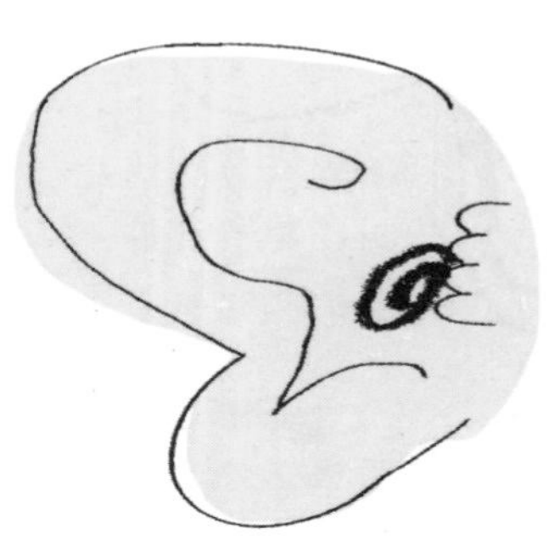

207

认真倾听

208 所谓的幸福

幸福，是和人有很深的关联，就是与人之间互相分享很多有趣的事情。

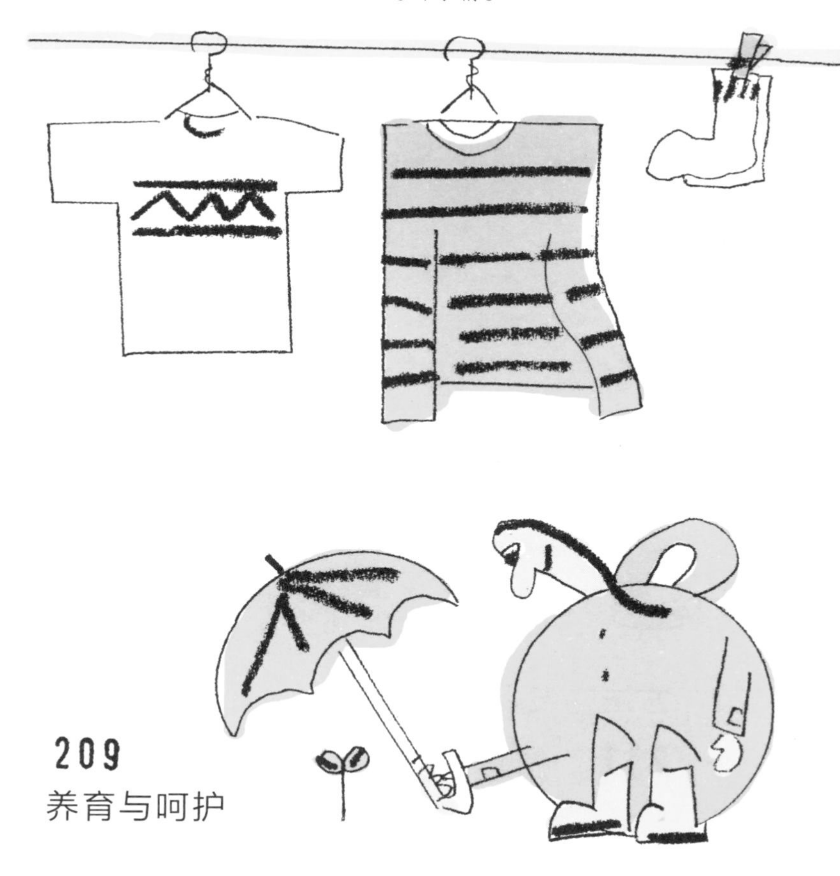

209 养育与呵护

210

善于寒暄

善于寒暄可以起到保护自我的作用。请记住，要先于对方之前用热情的心意去寒暄问候。

方法的发现

211

在工作上，如果直到现在都没有发现新的方法，那么就不要紧紧地抓住固有的观念不放，这样细小的发现就会日积月累地多起来。

212

不要把手插进口袋里

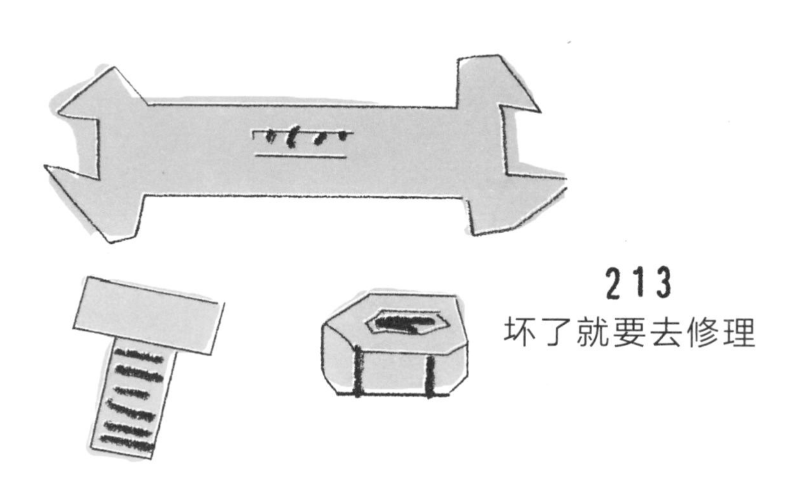

213

坏了就要去修理

214 所有的人都是好朋友

对所有的人而言，如果他们都成为和自己关系好的朋友，那会怎么相处呢？

215
不要争斗

不去争斗，不选择竞争对手也是好的事情。任何人都有值得学习的地方。

试着模仿

所谓学习，就是模仿，可以从模仿擅长这方面的人开始。

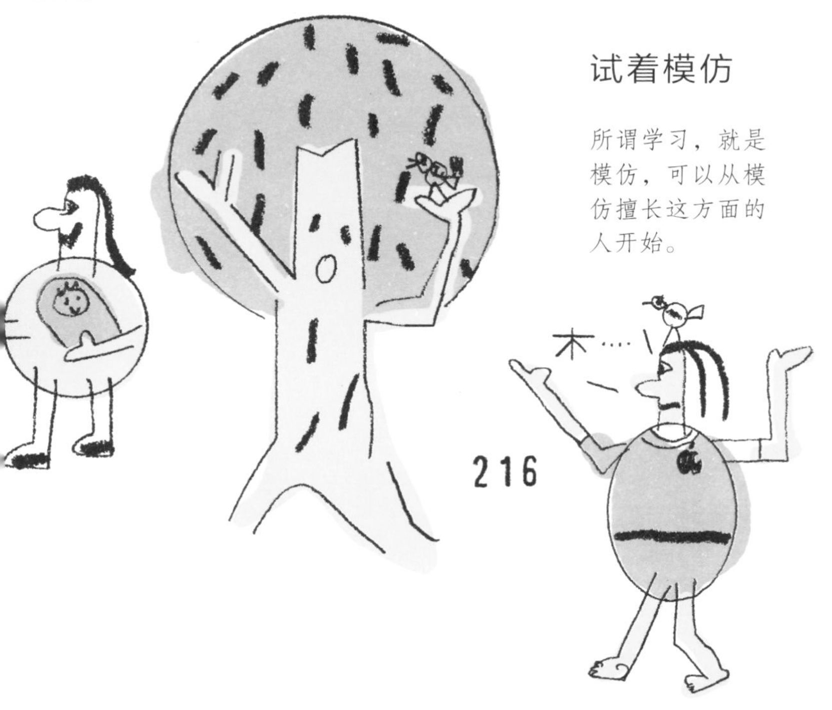

人和人之间的联系

因为有关联，所以会产生某种结果。这样来看，要留意人和人之间的关系，这对自己也是有作用的。

这个美丽吗？

不管工作还是生活，任何时候都自问一下，这个美吗？为了拥有美丽，不断地去努力吧！

218

219

赤子之心

不管年纪多大，也无论有多么丰富的经验，因为有纯真无邪的态度和心境，生活和工作才能效率更好。

220
一步一个脚印

221 拥有希望

你的希望是什么呢？我们不能失去希望。即便遇到再大的痛苦，也要拥抱着希望前进。

222
家庭最重要

为了工作而去牺牲家庭是不可取的，应该没有什么事比家庭更重要。

迷茫之时 223

做哪一个呢？当产生这样的迷惑时，选择复杂的一个去做，这样可以学习更多的经验，有助于自身的成长。

随时刹车 224

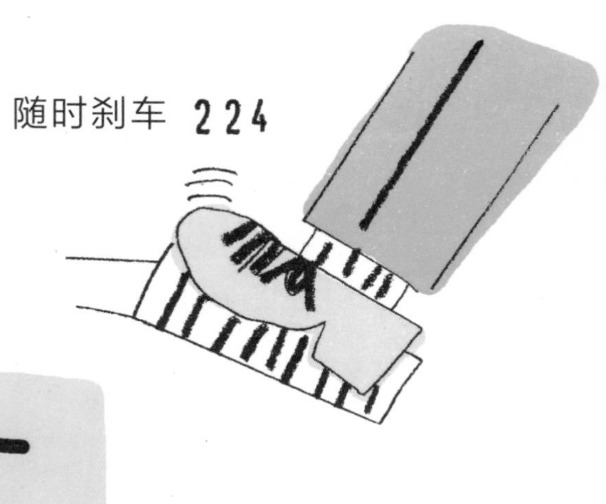

积极地回答

清晰且积极地回答问题的人，老天也会眷顾着他。

226

总是 15 分钟前到达

预约等事情，要提前 15 分钟到达。这样即便有意外的事情也不用担心了。

227

即便做得很好了，但是还要具备做得更完善一点的心态。好的事情就是因为这样不断地去完善而做成的。

做得更完善一点

228 这个观点是新的吗？

当浮现出新想法的时候，要考察一下别人是否已经提及，确实是新的观点吗？

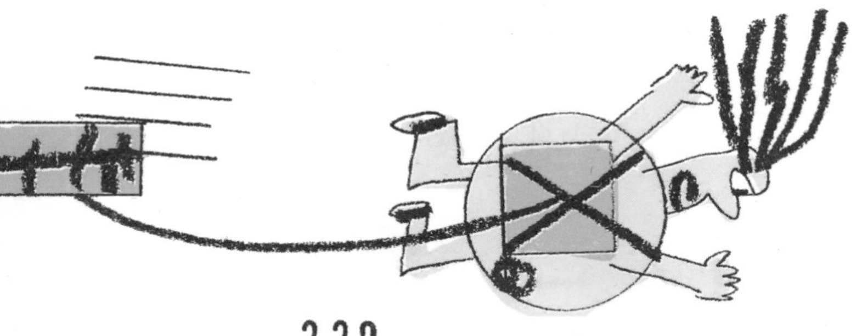

229 不要害怕失败

比赛中失败是必不可少的。不要害怕失败，要有积极进取的勇气。

230

放松

231

好的情绪

人总是背负着艰难、苦恼、辛酸的事情。正因为如此，要以好的情绪与人相处。

232

双手传递

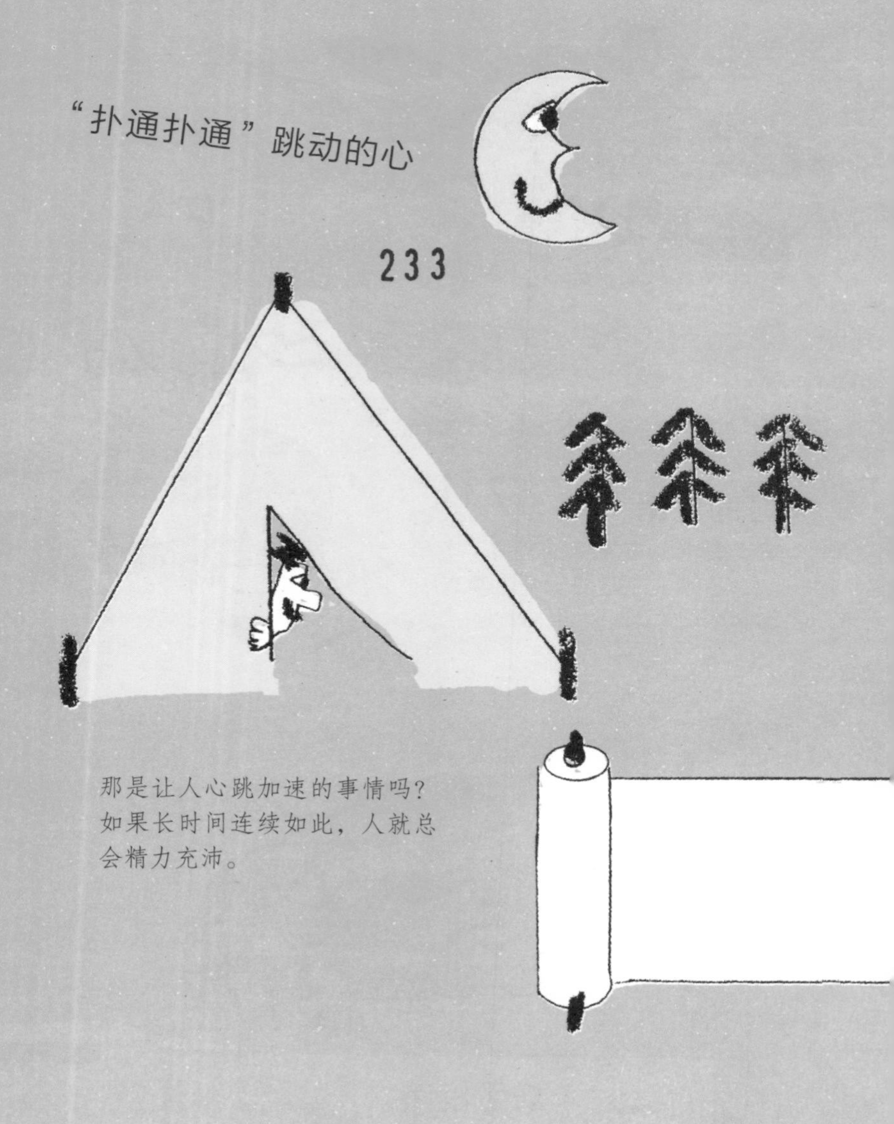

那是让人心跳加速的事情吗？如果长时间连续如此，人就总会精力充沛。

109

制作自己的年表

235

重要的事情以及珍贵的东西要像对待宝石一样爱惜。所谓价值，是因为自我的认知和使用的方法而培养出来的。

像宝石一样

236

什么事情都有趣

既然要做，那就抱着愉悦的心情去做。通常来说，要想获得快乐，就需要下一番功夫。

237

不管做完多么细小的事情后一定要回过头来检查一下，确认其状况，然后再确认做下一步。

回头看

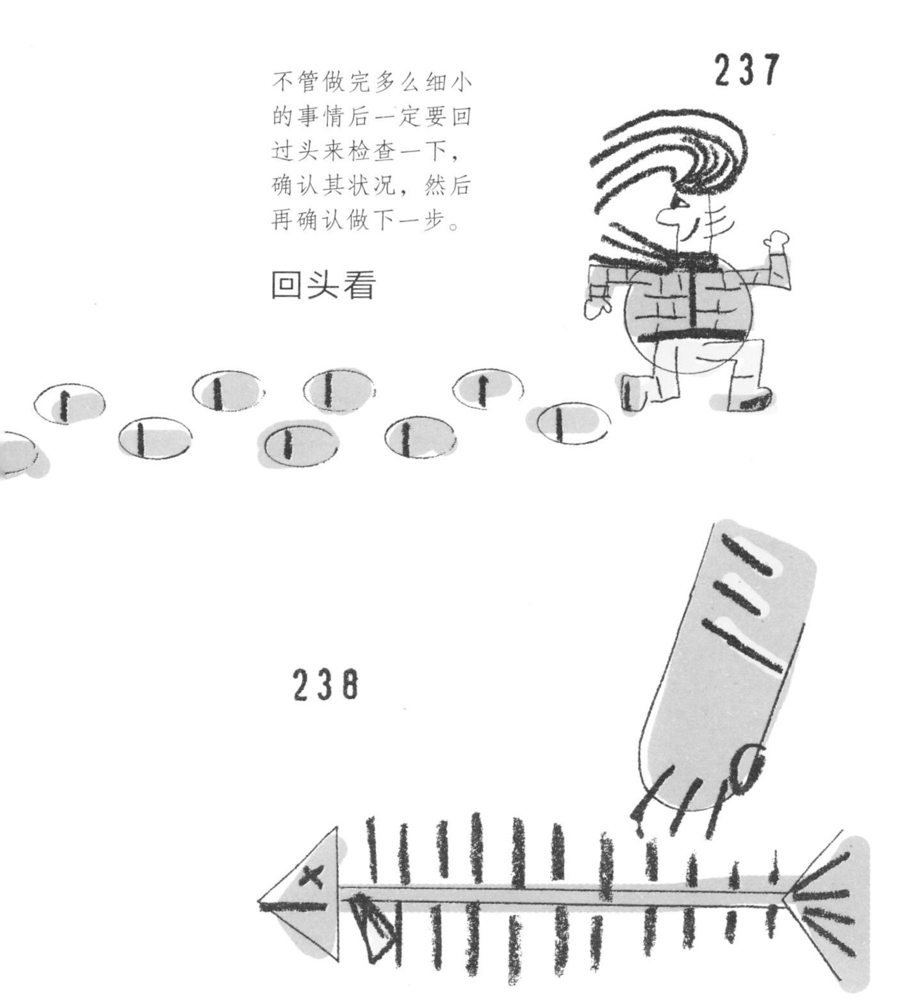

238

让其生存

所谓爱，就是尽可能地放其自由，使其生机勃勃。然而，你真的拥有爱吗？

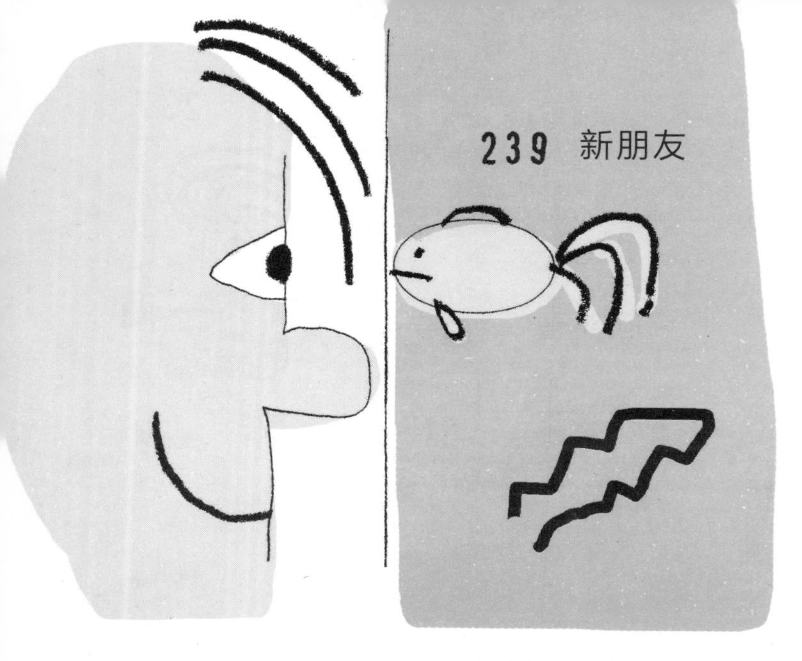

239 新朋友

结交新的朋友很重要。到没有去过的场所以及人多聚集的地方，积极地去参加这些活动怎么样呢？

少一点也好 240

所谓好吃的东西，就是越好吃其量就越少，也能得到满足；因此，做任何事情都不要太贪心了。

不能过于自信，每天要确认自己的状态，像这样坚持不懈地保持下去。

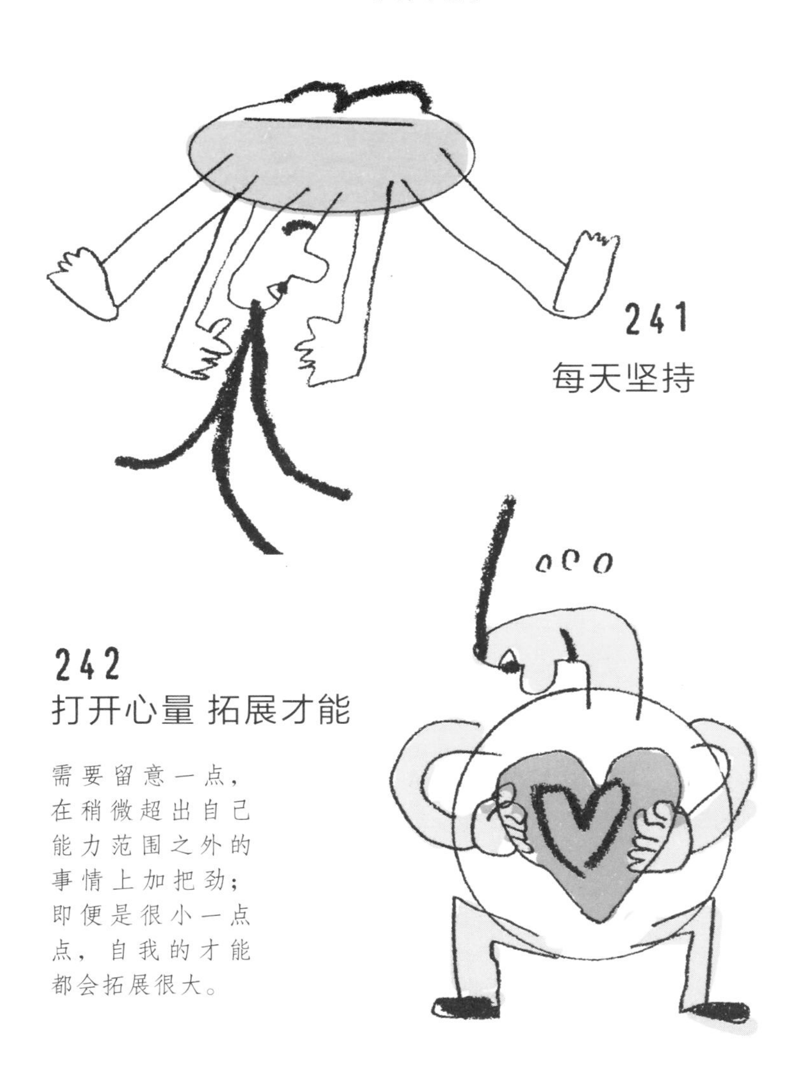

241
每天坚持

242
打开心量 拓展才能

需要留意一点，在稍微超出自己能力范围之外的事情上加把劲；即便是很小一点点，自我的才能都会拓展很大。

每天反思

243 即使这件事完成得多么好，每天也要去反思；如此就能总是以全新的心态去做事了。

改变一下也好 **244**

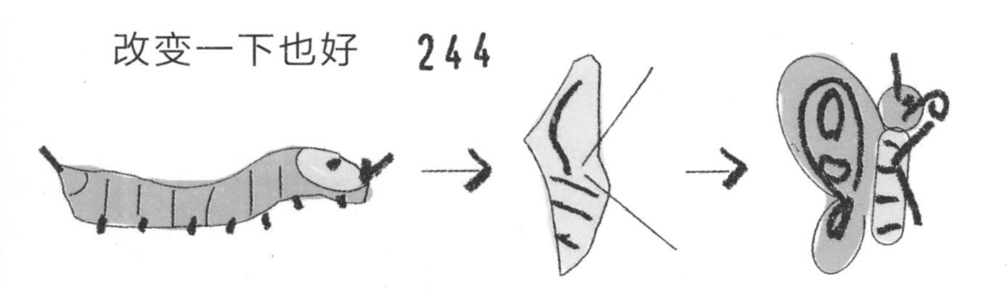

为了总是保持全新的自我，就不要害怕去改变。其实，即便每天有变化也是很好的。

245

寻找榜样

如果想学习什么，首先要去找一位榜样。因为有榜样的存在，学习的速度也就不一样了。

246

检查所带之物

在需要带什么东西的时候，要检查一下所带之物。像这样做的话，就不用买多余的东西也可以解决问题。

塑造自己的招牌

能拥有自己唯一的招牌，即拥有自己得意且优胜的地方，就能安心踏实了。

247

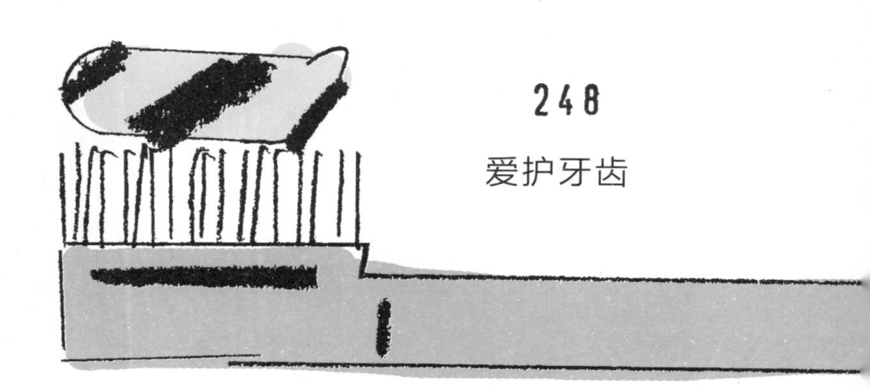

248

爱护牙齿

249

不会做的事情

想想自己怎么做也不会做好的事情是什么。因为知道自己的不足之处，才能去加倍努力。

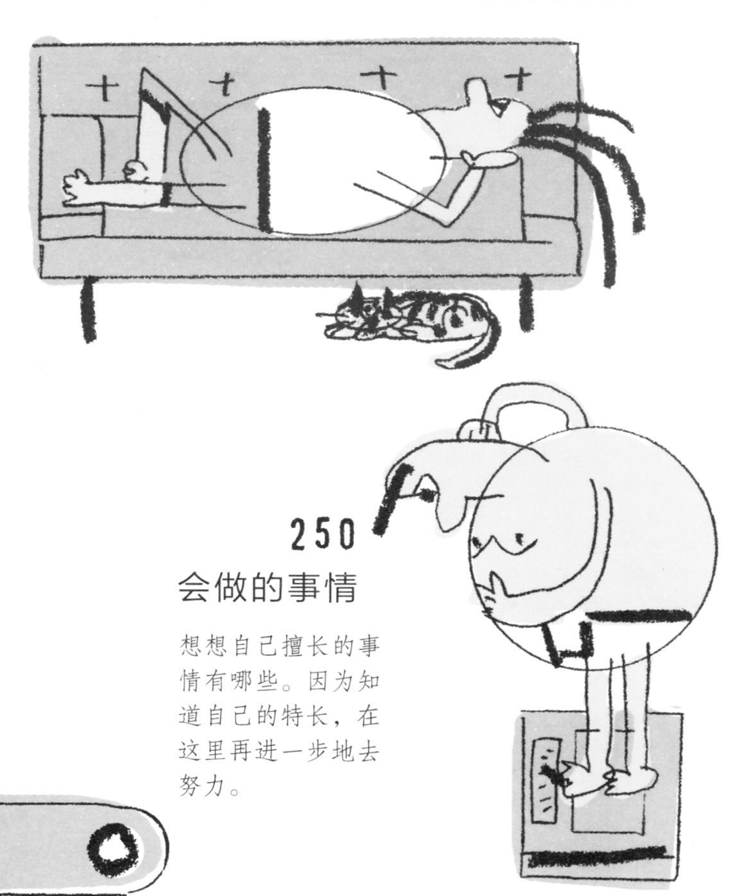

250

会做的事情

想想自己擅长的事情有哪些。因为知道自己的特长，在这里再进一步地去努力。

跟随父母学习

父母作为自己最亲近的人，同样也是你人生中的前辈。当遇到烦恼的时候，可以从父母那里寻求解决的方法。

想重新恢复精神状态的时候，像洗手一样和水接触，这样各种杂念会随着水而流逝。

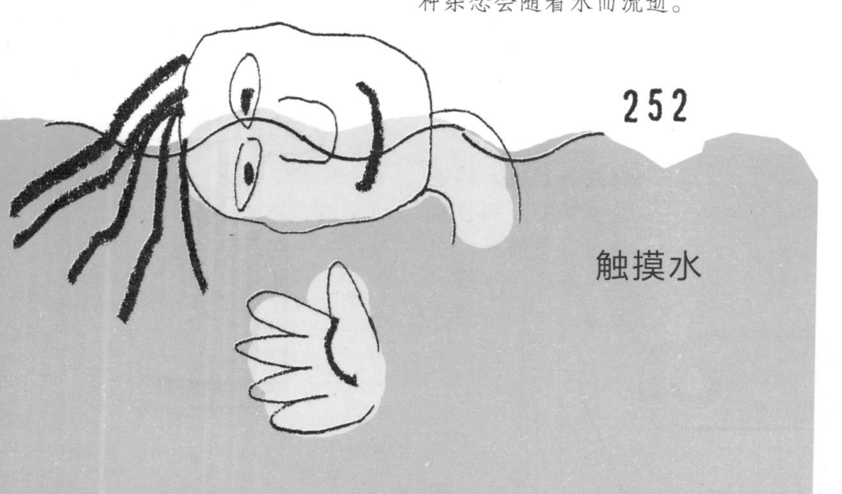

253

任何时候准备就绪

关于自己擅长的事情，任何时候说一声就可以投入其中，如万事准备就绪一样。

接受现实，不逃避 254

从痛苦和艰难的事情中逃离的话，就会被再次追赶。如果能真正地去接受，将会变好。

255

深入人心

终于有了知心的人，形影不离，去认真地培养两个人的关系。

256 聚餐

正因为很忙，所以才要在可能的情况下，举办家庭成员的聚餐。这样的家族大团圆是很愉快的。

257 作为社会的一员

因为人有不为所知的领域，所以要用心地去包容别人。具有这样行为的人要好好珍惜。

无私的关爱

258

细嚼慢咽

259

260

即便情绪低落也没问题

难办的事情以及悲伤的时候，不要强忍着，情绪一时低落也没关系，即使哭泣也可以。

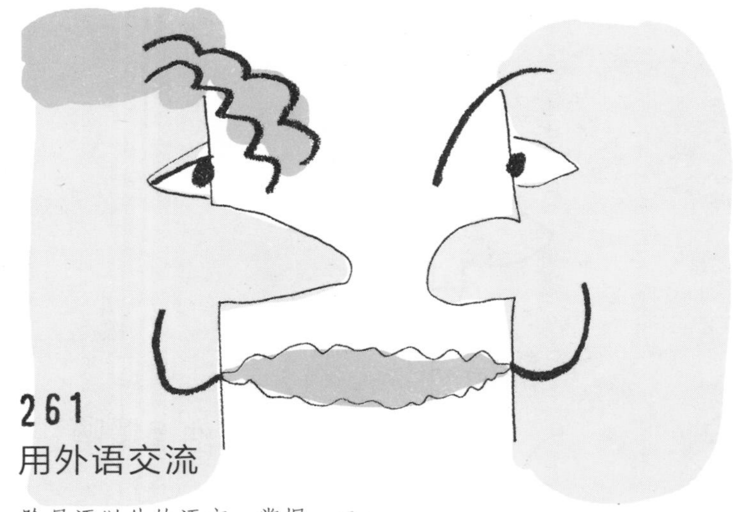

261

用外语交流

除母语以外的语言，掌握一二句，用来和外国人对话吧。

262

漱口

263

雨天也快乐

下雨的日子，注意携带伞、雨衣、雨鞋，其实这样出门也是快乐的啊！

264
感谢太阳

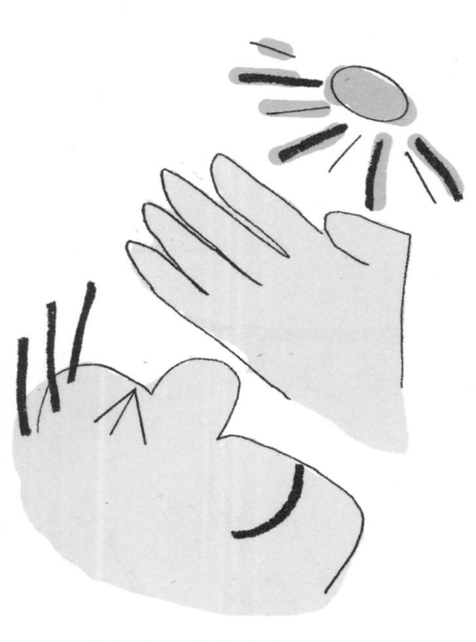

明媚的阳光总是照耀着我们，应该感谢它。今天也要请它多多照顾。

265
放手

无论是人还是社会乃至集团和组织等都没有摆脱不了的关系，每个个体都是独立的，所以不必勉强。

266 接受缺点

267 感动的启示

不管什么人都有诸多缺点，这样的缺点也是个性和魅力的所在，因此也要爱它。

偶然的感动和自我察觉的感动等可以成为启示，这样能为我们指引出解决问题的方向，因此不要放过任何感动。

让卫生间更干净

使用卫生间的话，要比使用之前打扫得更干净。像这些细小的用心可以为我们带来幸福。

268

触摸土地 269

触摸土地时人的内心会变得安静下来，这是为何呢？其实，不要觉得这样把手弄脏了，我们和土地成为朋友也是好的啊！

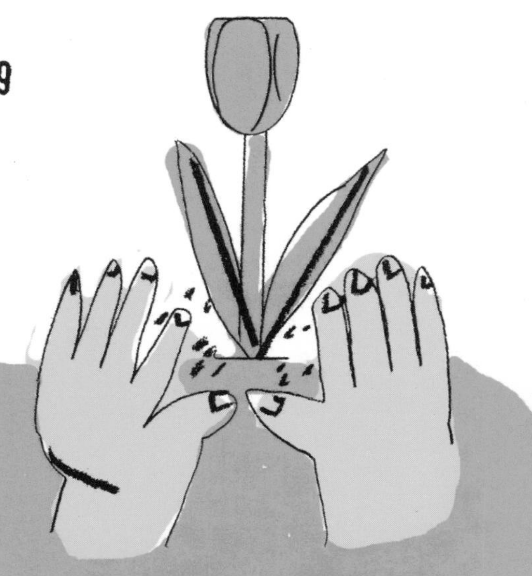

有时候，预备各种各样的料理也是很快乐的事情；这样与经常做的料理相比，有一种不同的喜悦感。

预备料理
270

271 慢慢写

写信的要点是不要潦草，要有礼貌，这样慢慢地书写。即使书写的线条不均衡，这么饱含心意的文字也是让人很欣喜的。

272 研究失败

如果失败的话，去研究一下为什么失败呢？是什么原因导致的呢？哎呀！原来如此。用心寻找的时候，就是在学习。

慢慢地拉伸身体

273

疲惫的时候，比按摩更好的是慢慢地拉伸一下身体。不能用蛮力，要在疲劳的部位给予拉伸舒展。

不看屏幕的日子

274

275 不要频繁地慌乱

如果有什么事情，冷静地去分析这件事的状况是非常重要的，然后以适当的方法去处理。

276 享受天气

对方的立场

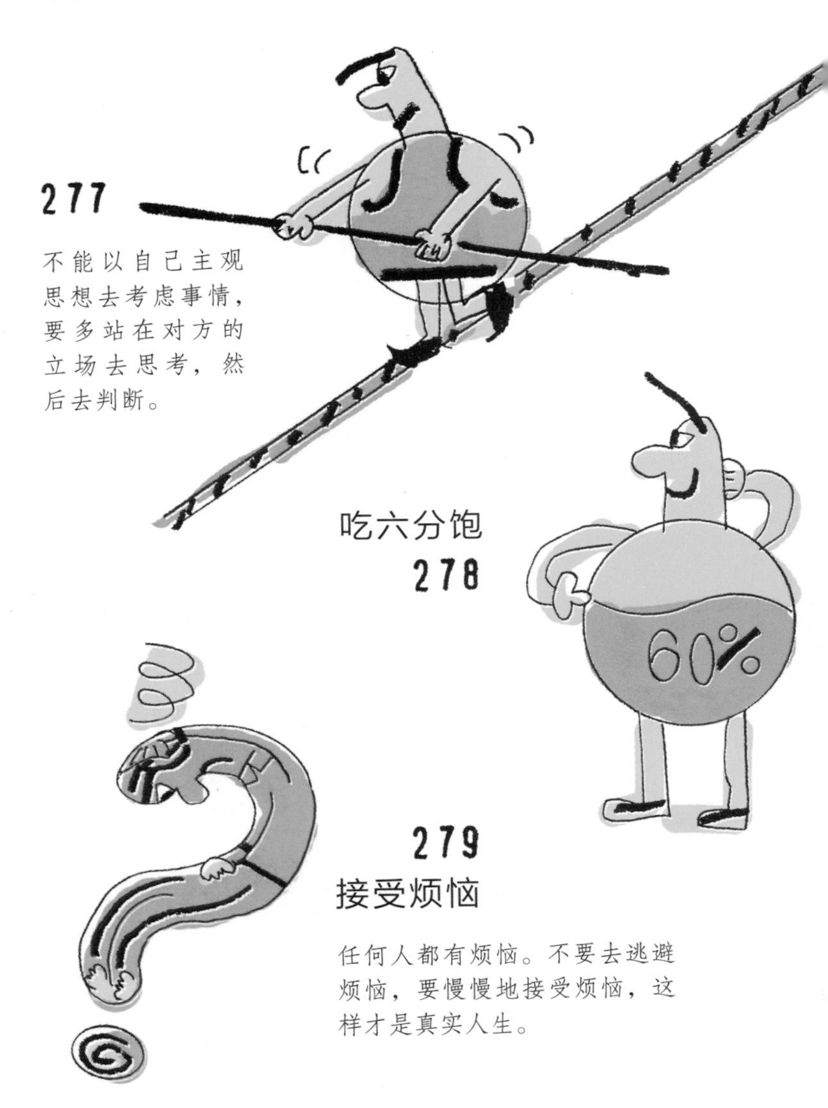

277

不能以自己主观思想去考虑事情，要多站在对方的立场去思考，然后去判断。

吃六分饱

278

279

接受烦恼

任何人都有烦恼。不要去逃避烦恼，要慢慢地接受烦恼，这样才是真实人生。

280 像爬楼梯一样

不焦虑，不慌张，一步一步地慢慢爬楼梯。如此，经验、学习、成长在不断地收获。

281 自我认可

爱自己、相信自己、认可自己，这些精神可以成为力量，向前迈出新的一步。

与其说把自己擅长的事情变得更擅长，倒不如说让其变得更优美；以此为目标，去磨炼吧！

282
打磨擅长

283
读诗

时不时地去读读诗吧。这样做的话，各种情景会冒出来，随后沉浸在那种心境之中，体味诗的世界。

熬汤
284

熬汤是料理的基础。如果擅长做汤的话，不管什么食材也能想方设法地做好。对于身体也有丰富的营养。

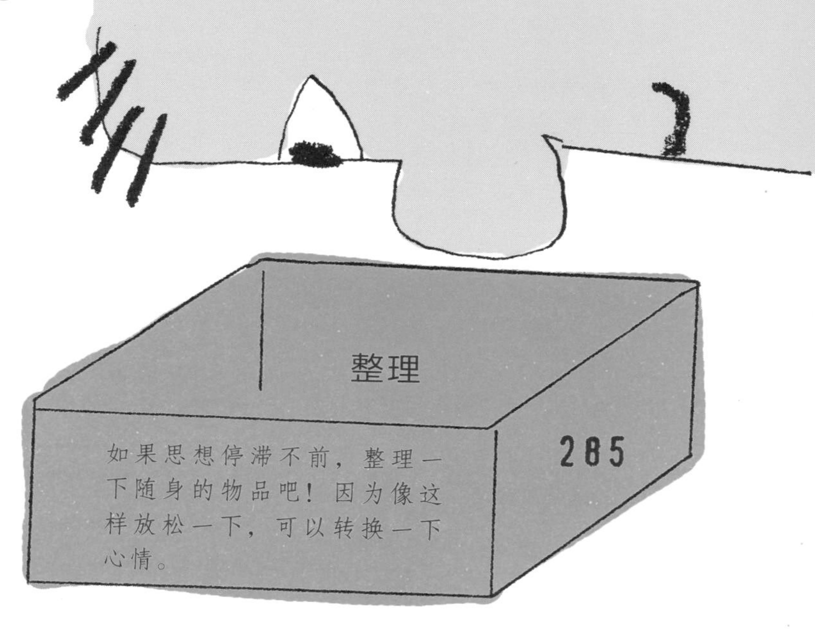

整理 285

如果思想停滞不前，整理一下随身的物品吧！因为像这样放松一下，可以转换一下心情。

不结盟 286

拒绝成为关系好的朋友或组织的成员。自己单独地思考、行动、锤炼，不断地改善自我。

在这之前有什么？会发生什么？任何时候都要去思考一下。因为这样可以看清什么是必要的，然后可以做相应的准备工作。

考虑将来

287

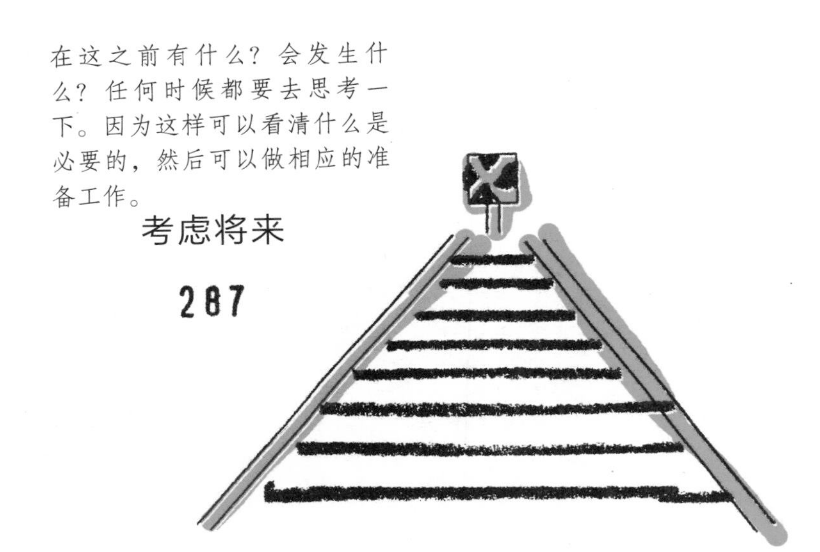

288

涂鸦

在内心所想的状态下，自由地涂鸦。这样可以窥见当下自我的内心。

对自己有益

相对于人和社会而言，怎么做能对自己有益呢？思考一下对自己有益的方面又是什么呢？

289

天真无邪的想法以及自由的灵光具备无法估量的能量，所以请珍惜。

纯粹的想法

290

291

抚摸动物

花时间的东西

不管做什么事情，都是需要花时间的。不求短时间内完成，体验这个时间的过程也是风趣且快乐的。

292

一个考虑二个方案

293

焦点 294

所谓焦点，指拥有多种擅长的技能以及对一些技能的关注学习。在这里面选出一点，全身心地去做。

295
放假是培养灵感的日子

放假是输入学习的日子，是体验感动的日子。这个输入学习和体验感动一定可以使自己的思想更为敏捷。

296

和新人相见

一天之内和不同职业、不同文化背景的新人成为朋友，尝试着以此为目标去做吧！

297

放一张白纸

在眼前放一张白纸，仔细地凝视着其中白色的部分。在此，能浮现出什么呢？

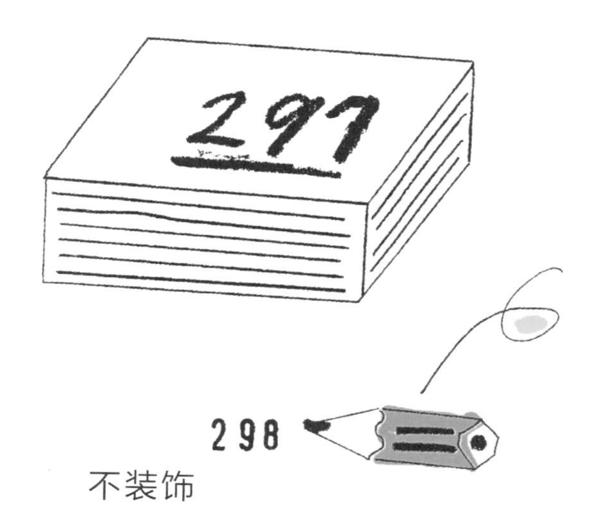

298

不装饰

就这样在没有修饰，放松自我的状态下，任何时候都是最完美的人。

299 拥有理念

理念是什么状态？
是可以称为本质的
思想。总之，任何
时候应该返回到原
点去思考一下。

点与点之间的连接

总有一天，所拥有的经验必定会对一些事情产生帮助。相信这一点之后，定会加倍努力埋头苦干。

300

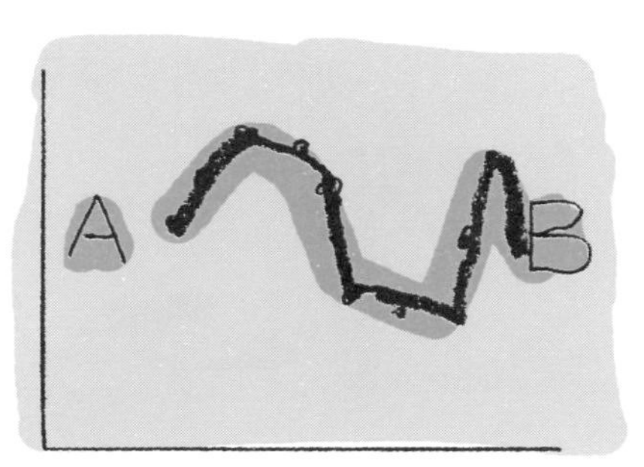

想要发明不管怎么使用都不会减少东西的新法。就是至今为止都没有的新方法。开始创造那个发明吧。

发明不会减少东西的新法

301

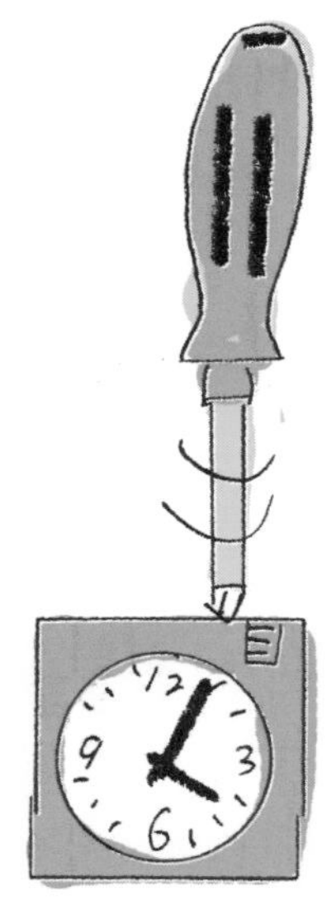

如果有想知道的事情，就用自己的眼睛去确认，自己的头脑去理解。对于不理解的事情不要置之不理。

302 不管什么都要确认

有时，研究的习惯的确很重要，但是首先靠感觉。相信自己的直觉。

303 不用调查

表达敬意 304

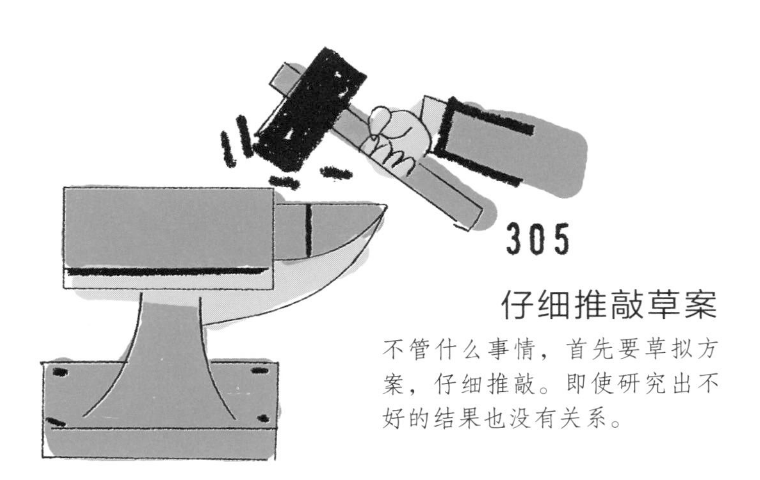

305

仔细推敲草案

不管什么事情，首先要草拟方案，仔细推敲。即使研究出不好的结果也没有关系。

306

成为活跃的出场者

无论什么时候，不要做名局外人，而要成为活跃的出场者。是看球赛而不是看记分牌。

持有声明

关于课题、目标、行动的声明宣言，有没有考虑过是否需要呢？

307

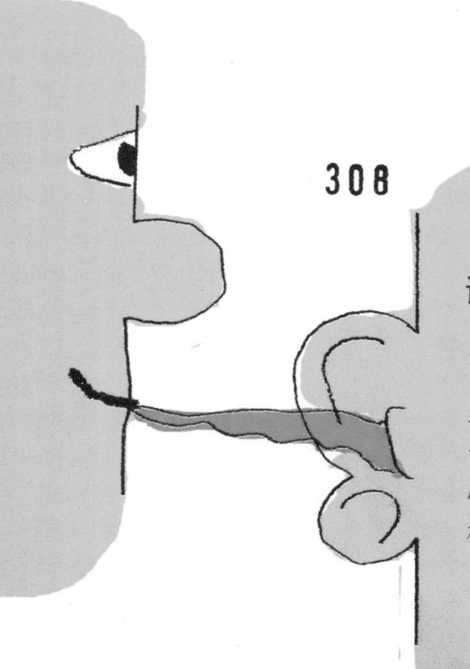

308

试着开诚布公地说话

关于自己难以说出口的事情，试着开诚布公地说出来。下定决心说出来，心情也会变得愉悦起来。

309 喜欢的心境很珍贵

遇到困难时，只要想起曾经喜欢一个人的那份热情，就一定能够跨过坎坷。

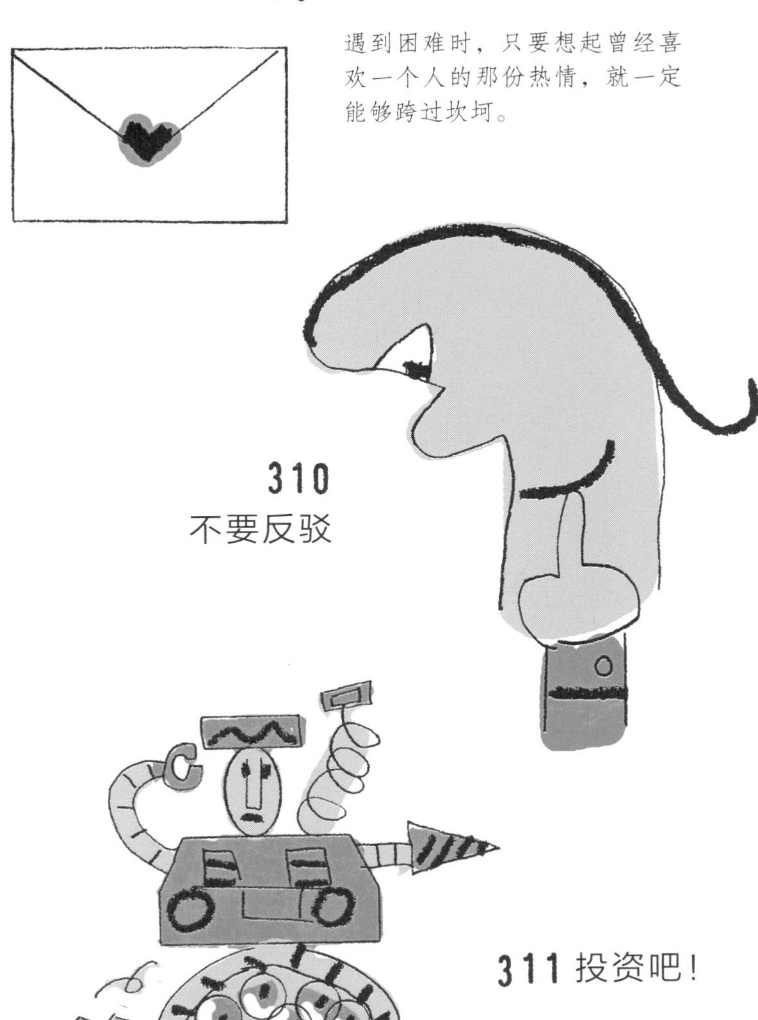

310 不要反驳

311 投资吧！

312 给关系好的人打电话吧！

313 不要忘记说“魔法”言语

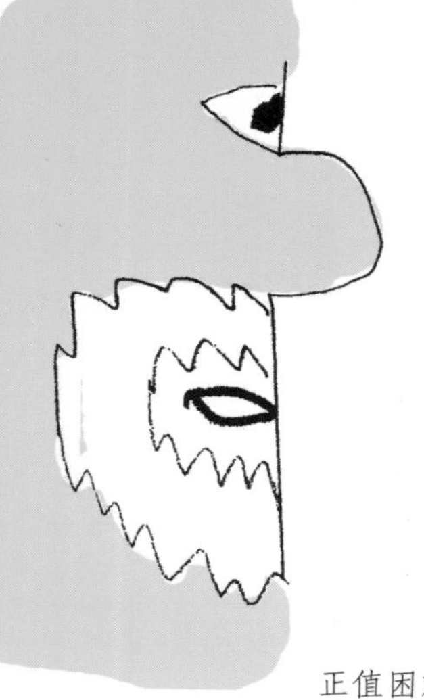

正值困难之际，不要忘记说“谢谢”“对不起”这样的魔法言语。

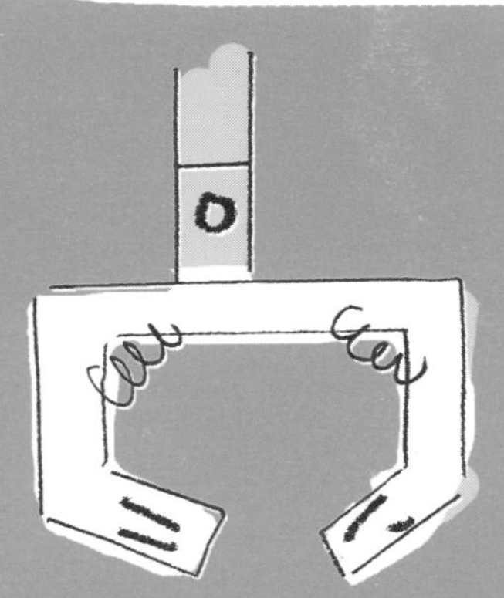

考虑敌人的心境，对方是怎样思考？如何将自己打败的？那样做的话，就能知道自己的弱点。

试着成为最强的敌人

314

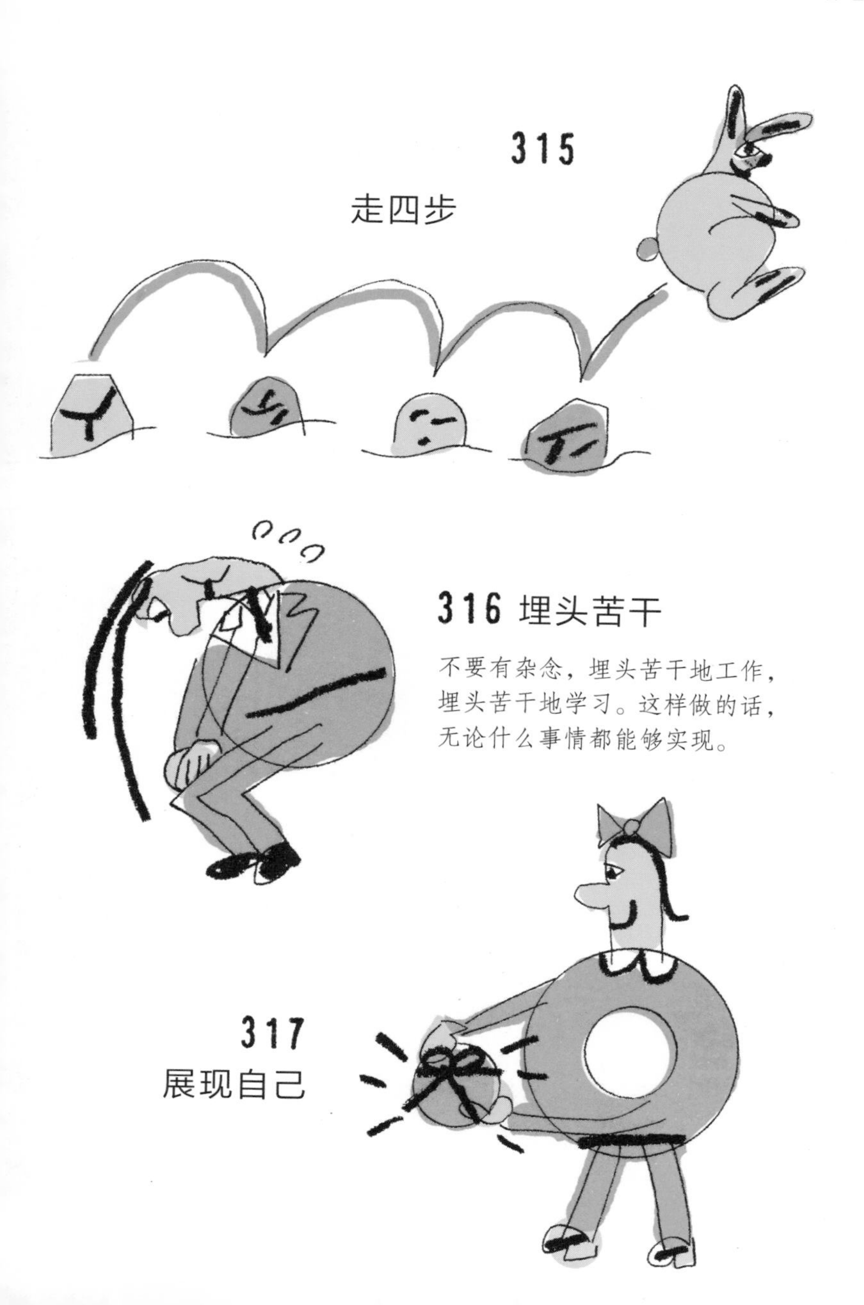

315

走四步

316 埋头苦干

不要有杂念，埋头苦干地工作，埋头苦干地学习。这样做的话，无论什么事情都能够实现。

317

展现自己

试着摧毁自己 318

自己打造的天地，
有时试着摧毁掉，
就能发现新的境况。

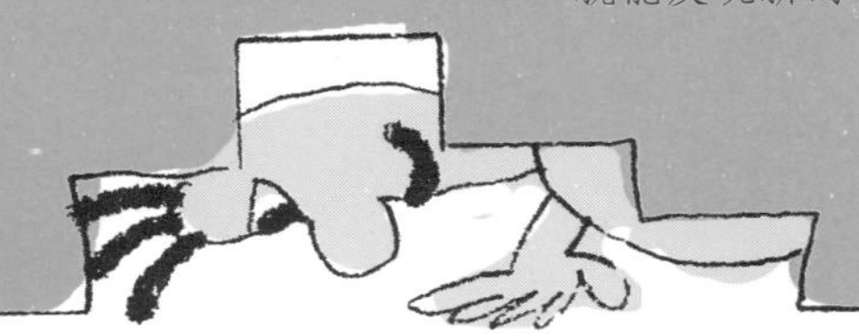

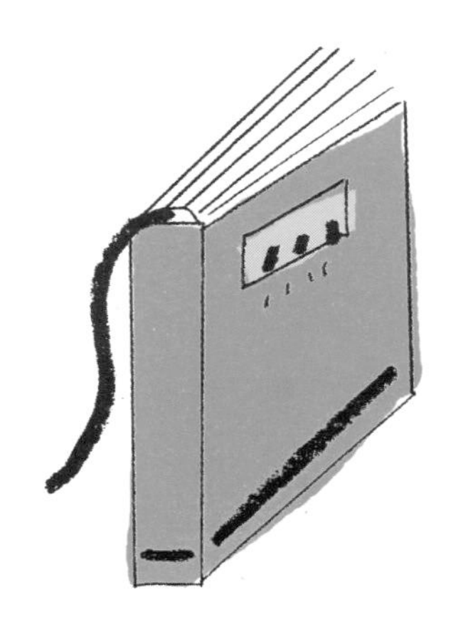

反复读一本书 319

与读很多书相比，
反复读一本书，
定能发现其中的
秘密。

不论做什么事情，要持有抱很大希望的野心，以野心为动力去迈出第一步吧！

抱有野心 320

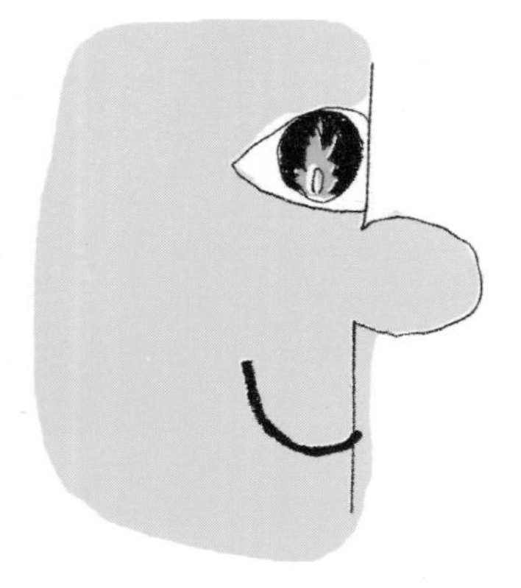

不要懈怠自己的言行举止 321

322 跳出漩涡

通常，困难会形成一个大漩涡。这个时候，从漩涡中出来，客观地看待就好。

323 为什么会是这样呢?

时刻持有孩子般的好奇心。一个一个地弄清，充满“为什么会是这样呢”的疑问。

不论什么时候，都要为找到更多能够理解自己的伙伴而努力着。彼此成为朋友，相互支持对方。

增添伙伴 324

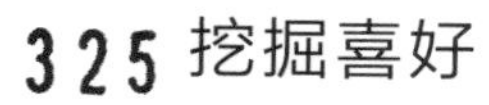

325 挖掘喜好

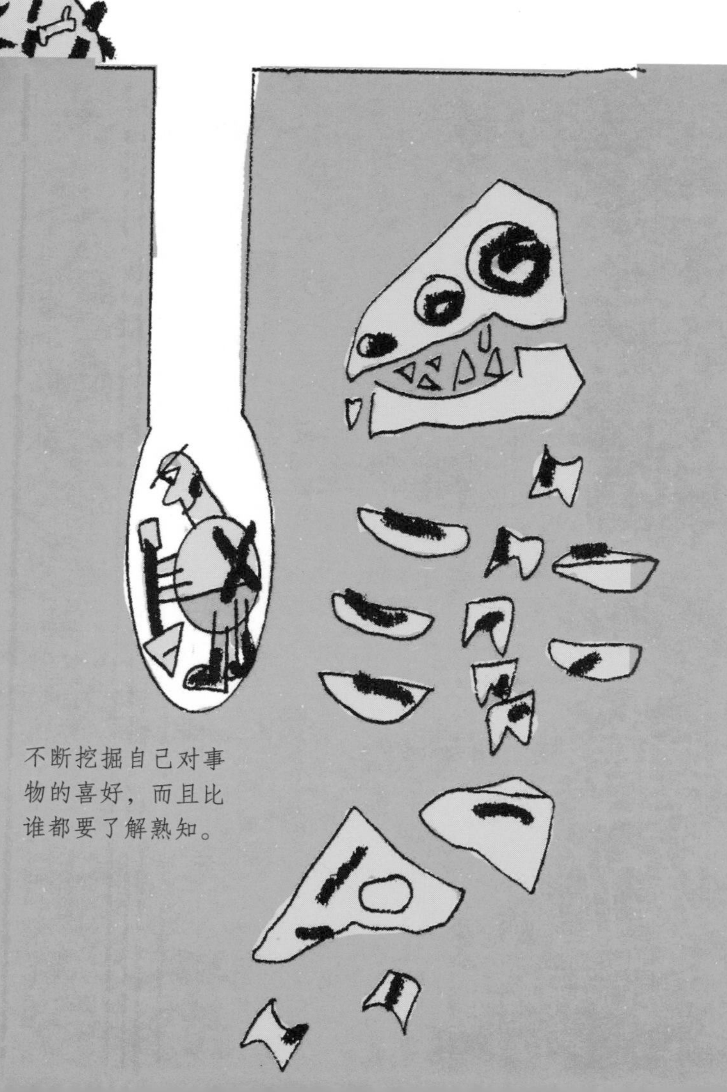

不断挖掘自己对事物的喜好，而且比谁都要了解熟知。

326

传球

为了取得分数，任何时候都要做好准确的传球。想要成为一名能熟练自如的传球手。

327

向外界展现自己

向外展界现自己。将自己的信息和梦想传播给更多的人吧。

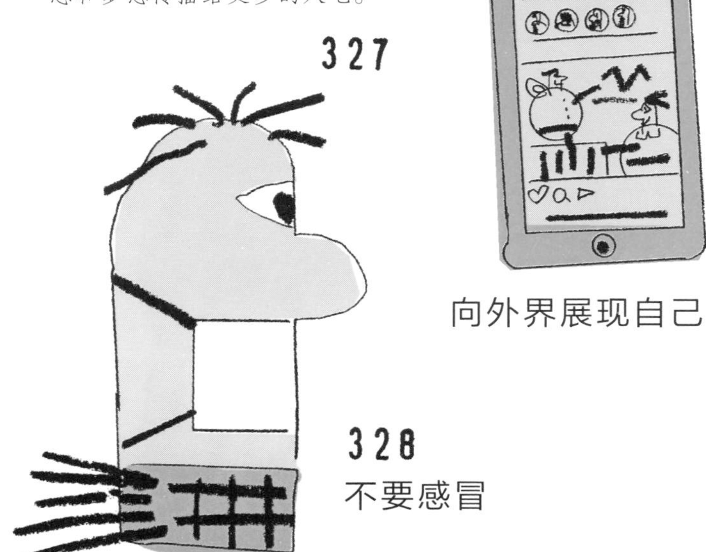

328

不要感冒

329
不要贪于享受

330 发现新的价值

尽管谁都不注意，
但是一定要比任何
人早点去发现重要
的新价值。

有时需要“厚颜无耻”

331 有时，有必要下狠心地“无耻”一下。若谦虚客气的话，就可能会错失难能可贵的机会。

332

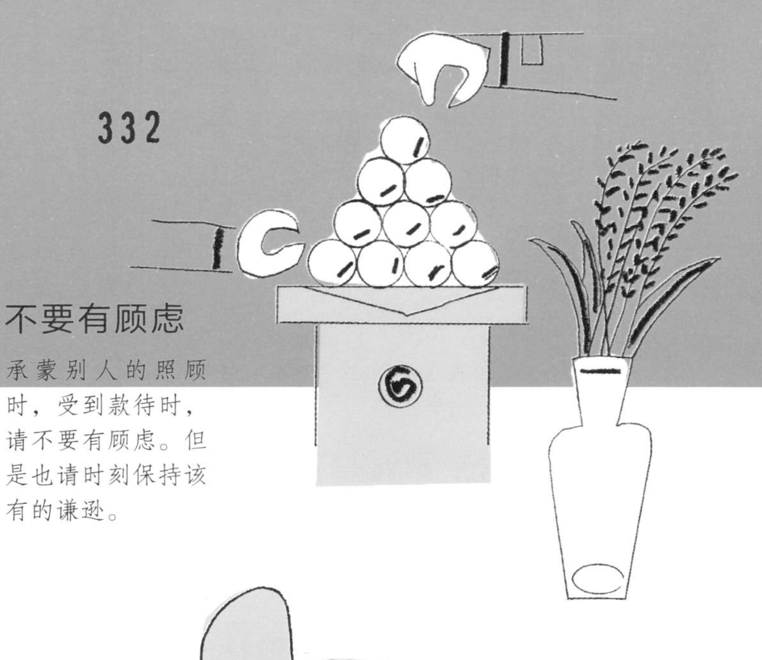

不要有顾虑

承蒙别人的照顾时，受到款待时，请不要有顾虑。但是也请时刻保持该有的谦逊。

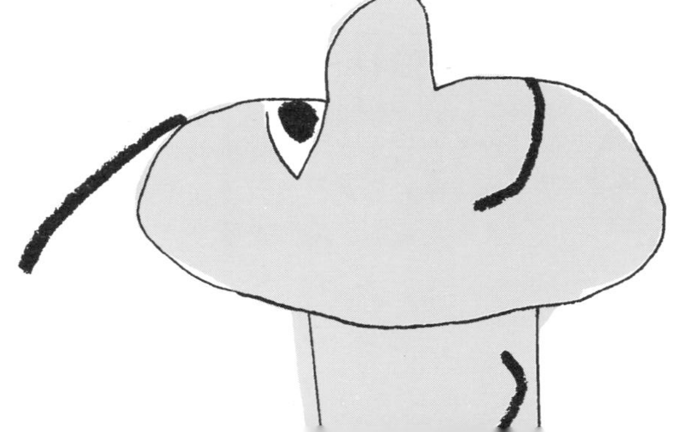

相信到底

333

打造品牌

334

打造自己的品牌形象：以什么样的形象去做，然后会有什么样的好效果呢？想想准备发出什么样的信号吧！

不管做什么，真诚的心是最根本的。如果失去了真诚，结果会反反复复地变化。

335 真诚是根本

探索独特的价值 336

如果自己发现了像科研创新一样的特殊的价值，就为了让更多的人接受这些价值而去努力。

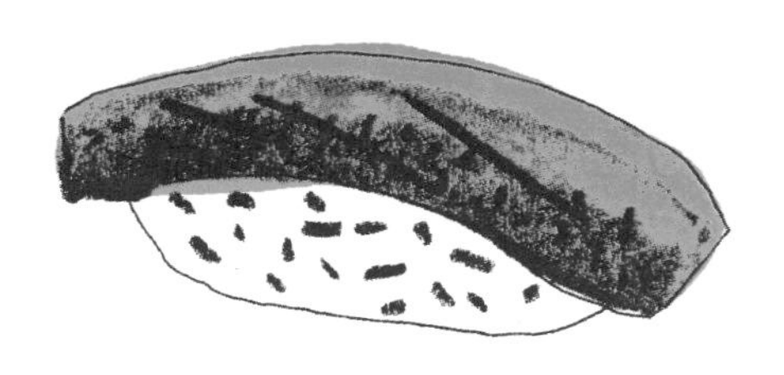

337 上层的接触

接触最漂亮的、最美丽的、品质最好的东西是非常重要的。像这样的经验是创造力的基石。

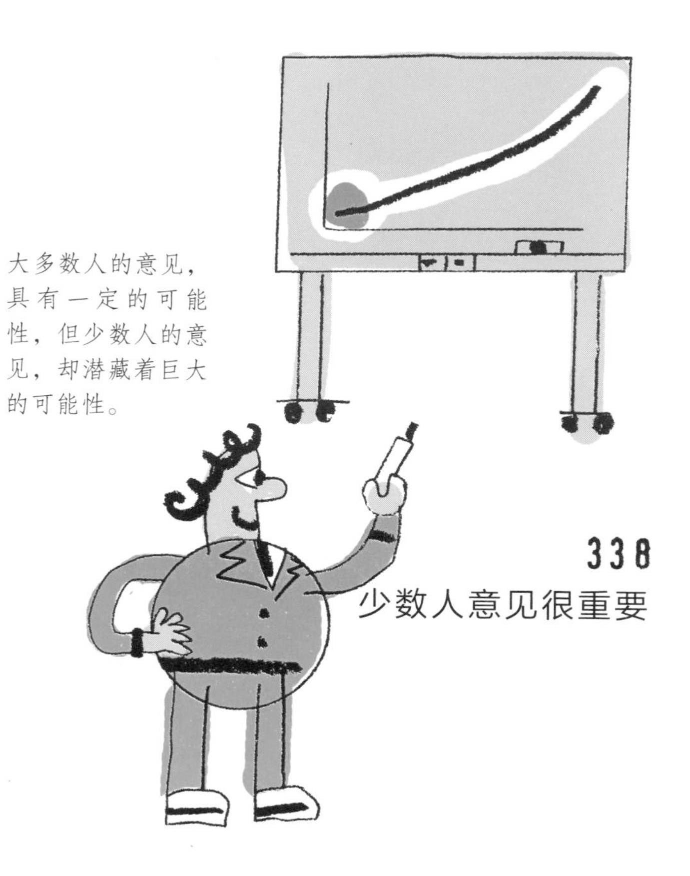

338 少数人意见很重要

大多数人的意见，具有一定的可能性，但少数人的意见，却潜藏着巨大的可能性。

339
改正所谓的理所当然的习惯

常常检查和改正自己一些理所当然的习惯。要一直保持最新的“理所当然”。

提升自己吧！
340

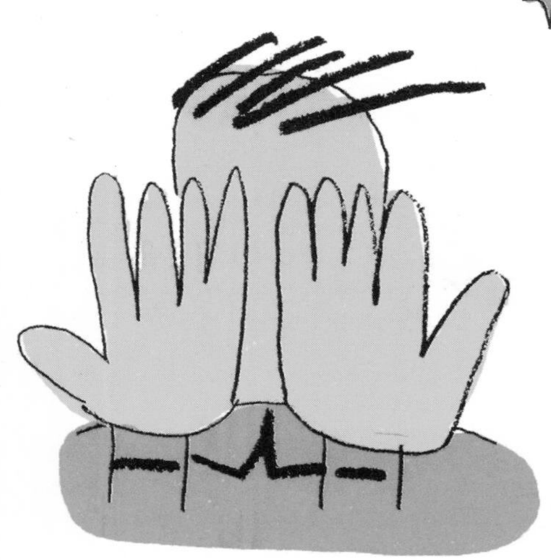

341
为了所有的人

想想这个世界上所有的人，无论何时，真的都很幸福吗？

342

打扰别人的心情

无论去哪里拜访，都要持有打扰别人的心情，这一点很重要。不要因为是客人，而不拘小节。

对于出色的东西、高兴的事情、新的事物，不论何时都应该提前掌握，这也是一种情报收集。

343

深谋远虑

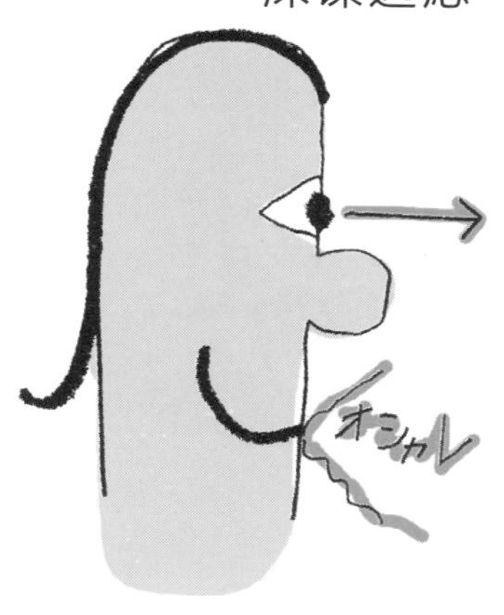

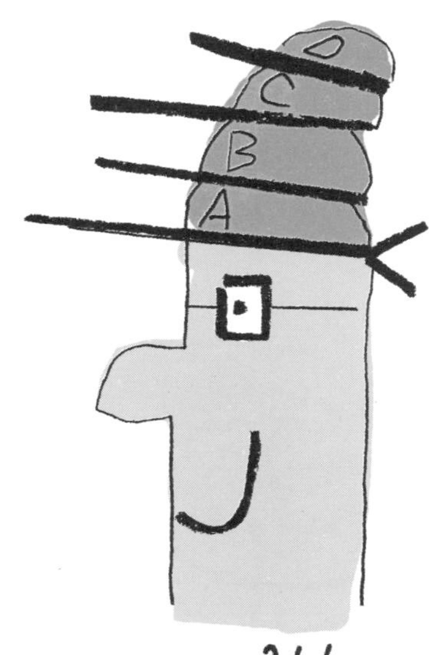

尽管每天都会发生很多事情，但是所有的事情都应往好处想。即使有不好的事情，也不要忘记感谢。

344

提前掌握

345 了解最新最古老的事物

通过多看、多了解、多体验最新最古老的事物，就会学到很多东西。

346 倾听身体的声音

常常倾听自己身体的声音,决不能无视它。今天，它有在说什么吗?

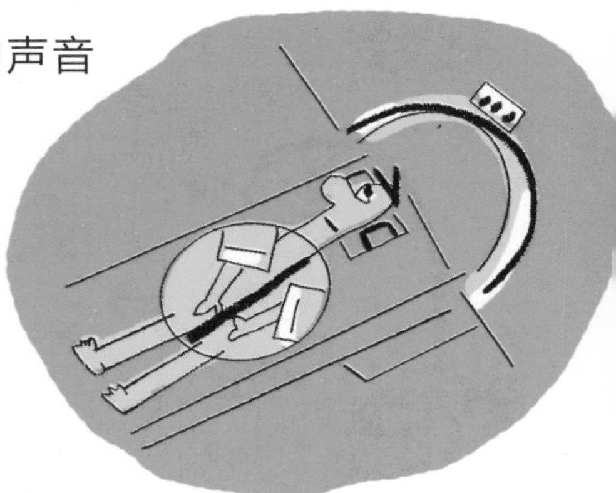

347 成为陀螺

像陀螺那样不停地旋转地工作。正因为在旋转着才不会倒下。

发现垃圾

正因为是人类摒弃的、没有必要保留的东西，才会潜藏新的价值。

348

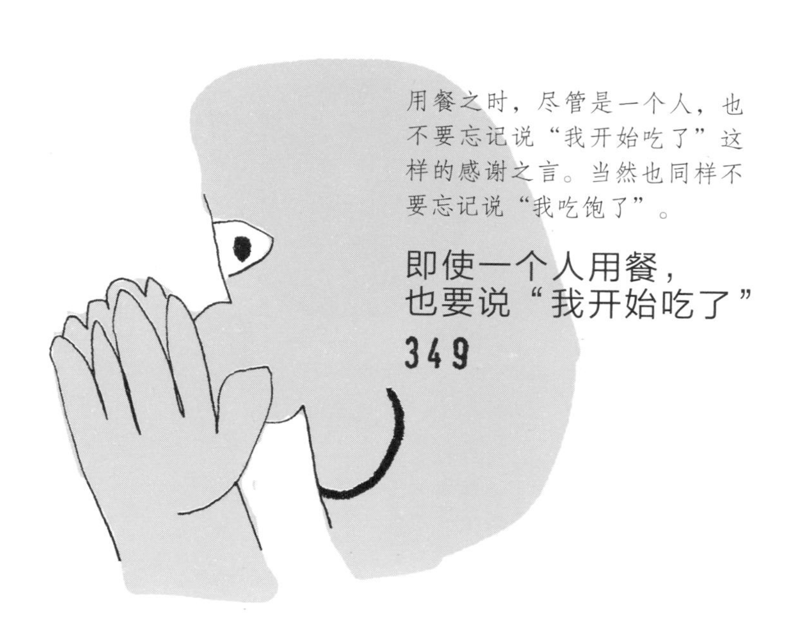

用餐之时，尽管是一个人，也不要忘记说“我开始吃了”这样的感谢之言。当然也同样不要忘记说“我吃饱了”。

即使一个人用餐，也要说“我开始吃了”

349

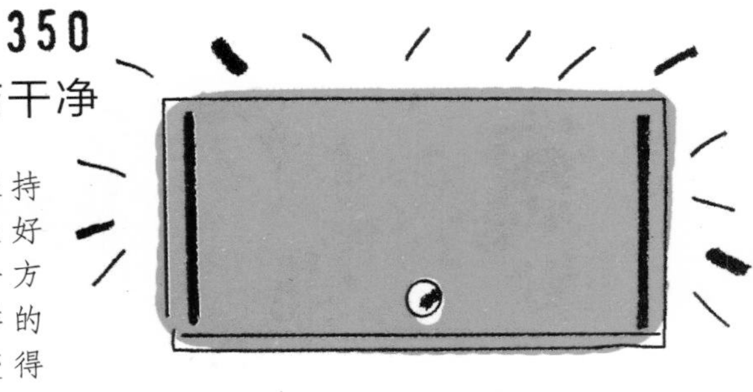

350

钱包要整洁干净

钱包要经常保持整洁干净。最好把纸币朝同一方向放置，那样的话心情也会变得美丽。

351

介绍自己

不论何时，都要为能够简单明了地介绍自己而事先准备着。自我介绍也是礼节的一种。

先持续 10 天

挑战新事物是一件非常有意义的事情。去尝试各种各样的事物吧。先持续 10 天试试看。

352

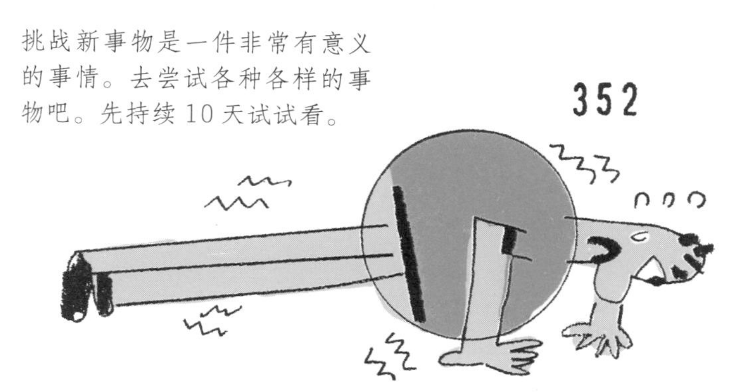

353

培养新习惯

试着增加一个新习惯。同时，不要忘记减少一个旧习惯。

不要考虑年龄

354

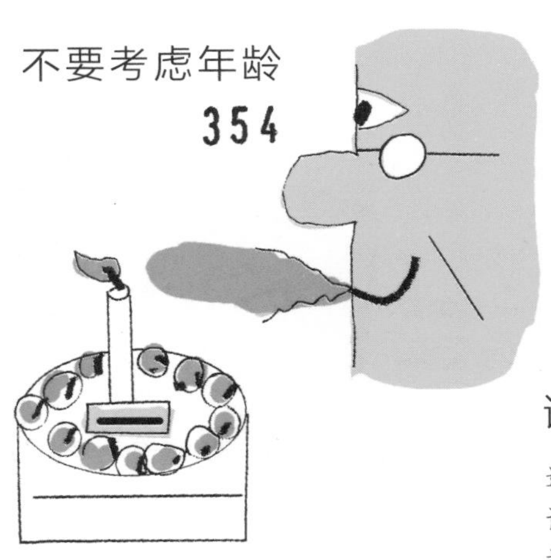

不要在意年龄，不管自己是年轻人，还是老年人，请放弃那样的想法吧。尽情享受就行了。

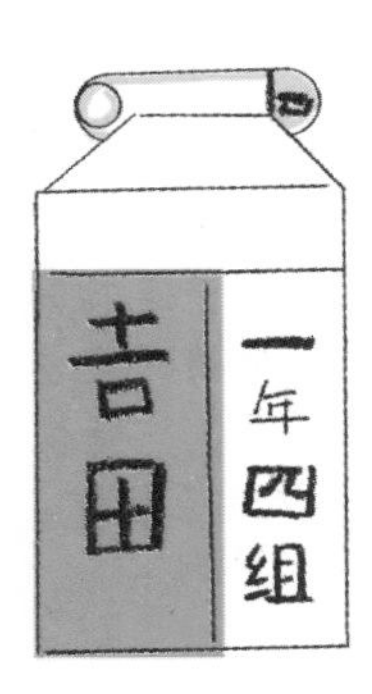

355

记住名字

遇到新人，要立刻记住对方的名字。被别人记住自己的名字，是一件非常开心的事情。

356

莫焦躁

无法随心所欲，烦躁是解决不了问题的。这时呼吸一下外面的空气，转换一下心情吧！

莫着急

不论发生什么，都不能着急。焦急也起不到任何作用。冷静下来，一一对应处理。

357

头发是不是蓬松、乱糟糟的？人们看他的头发，来决定对他的印象。

358

整理头发

359

露出额头来

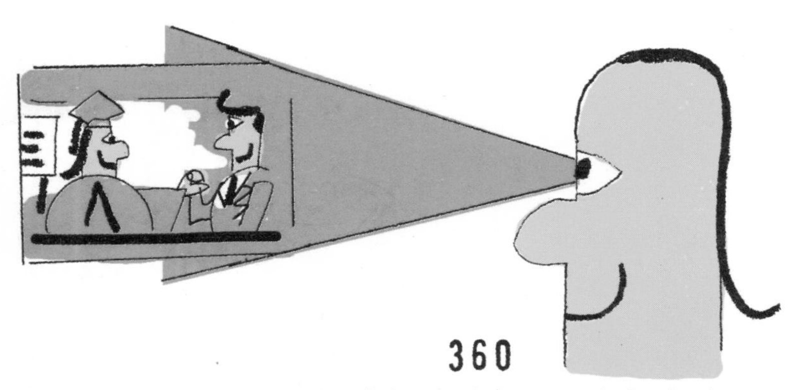

360

具有想象力

所谓想象也就是梦想。无论何时，当自己一谈到梦想就感觉很美好。因此，为了实现梦想，应该考虑一下去做些什么。

361

首先，谢谢你

想说话的时候，从每天说“谢谢”这个词开始。

362

健康比金钱重要

363

不要发生口角

讨论很好，但最好不要因此发生口角。如果发生口角的话，就一定会伤害到某一方。

364

尽情地玩耍

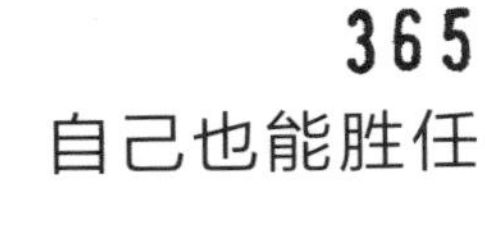

365

自己也能胜任

不管什么样的事情都要试着去做一下，要相信自己可以胜任。不会做的事情，也要试着去挑战一下。

对于自己的想法要有信心。即便一下子不能达到某个成就，但是说不准什么时候就会成功。

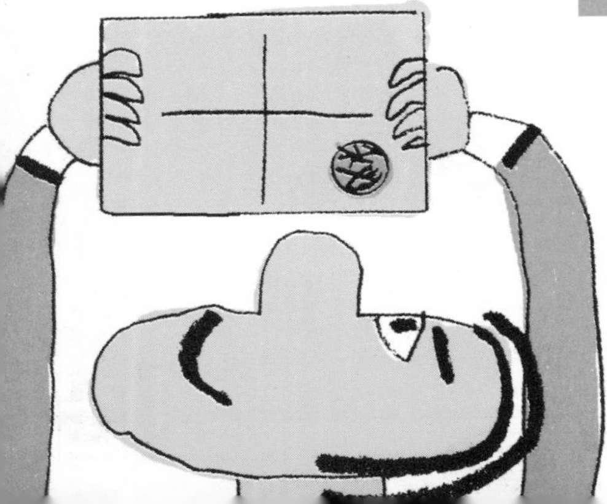

对于自己的想法有信心

366

一日之计在于晨

早上工作会进展顺利些。重要的工作和需要思考的事情尽量放在早上的时间内进行。

积极地请客

即使是请客也要拿出积极的姿态。像这样做的话，不犹豫和积极的姿态能为我们带来正能量。

369

不恐惧

人是弱小的，心也是柔软的，但是我认为面对任何事情，不惧怕的精神是很重要的，所以决定了的事情要勇往直前地做。

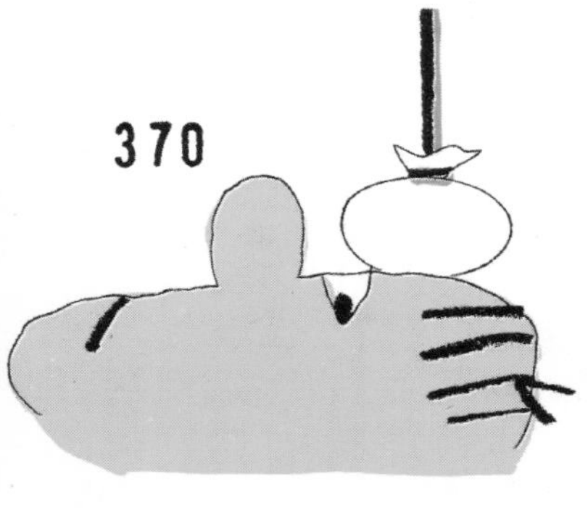

370

思考一下想做哪些事

当对方认真地问：“现在想做的事情是什么？”认真思考下这个问题，这对很多事情都有启发性的帮助。

大胆

有时候大胆些看看。试着去大胆地发言、大胆地做事、大胆地表现自我。

371

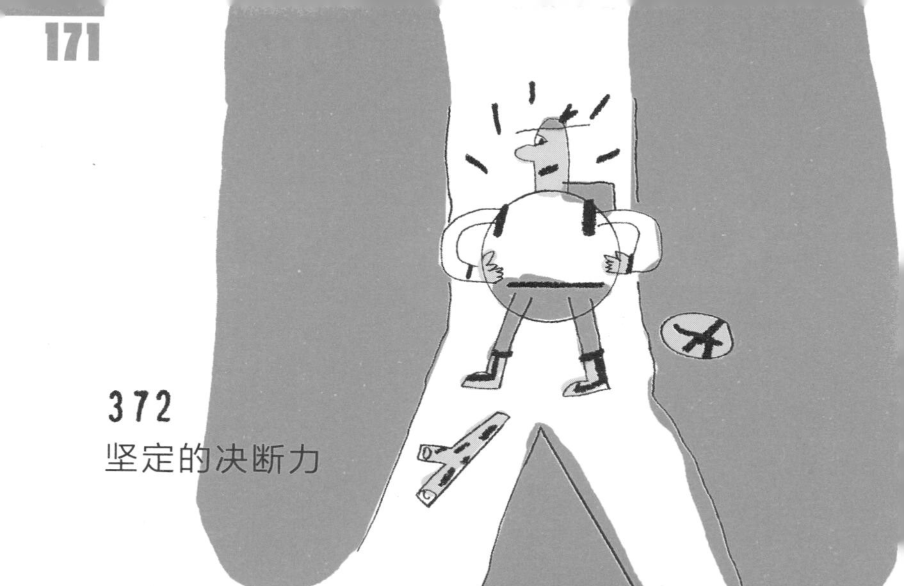

372
坚定的决断力

拥有准确的决断力。为了达到这个目的，要注意把握正确的状况以及诸多情报信息的收集。

373
不要关注缺点

虽然会注意到对方的缺点，但不要去责备。因为对方的缺点对我们也是有很大帮助的。

374 一点点前进

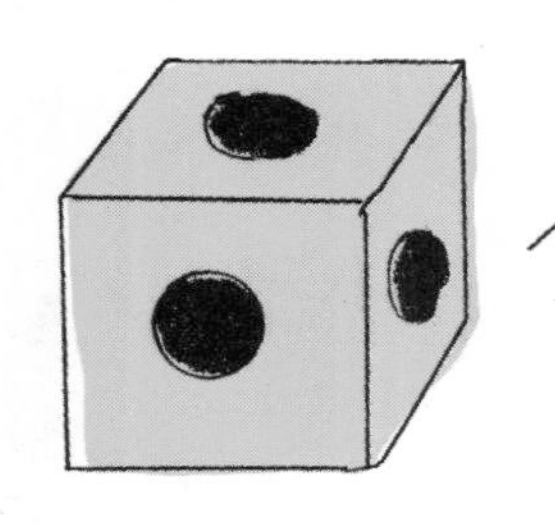

不能把所有的事情堆积起来一起做，不管怎么样，任何事要一点点地去做，因为这样是效率最快且最正确的做事方法。

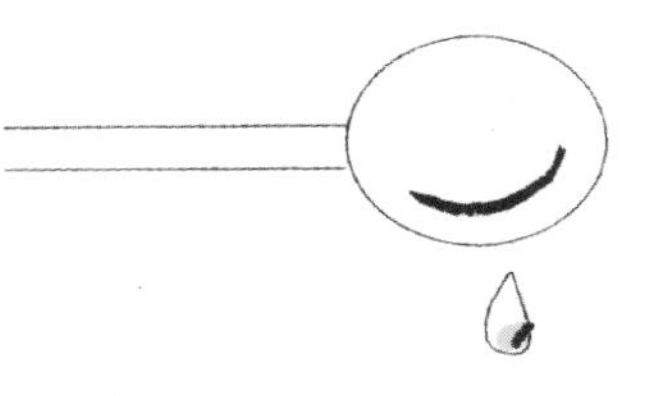

375 忘记“不可能”这个词

要相信没有不可能，某一问题必定在某个地方有解决的方法。所以，要相信总有一天会可以，像这样保持永不放弃的心。

376

让希望成为动力

不要放弃希望。经常抱着希望前进。把希望作为能量的动力向前迈进。

377

机不可失

378

熟知是成功的秘诀

在某件事情上，比任何人都更深入地了解，比任何人都详细地掌握，比任何人都理解得透彻，像这样熟知的话，离成功很近了。

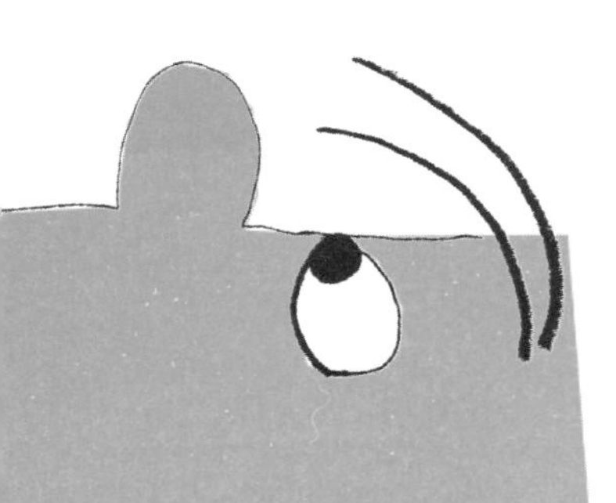

379 信念是第一步

即便被说成什么，也要始终贯彻自己的信念。有信念的话，就能迈出第一步。

不可随便干涉

因兴趣为人的本位，所以不要去干涉他人。无论看见或听到什么，请马上忘记！

380

381
热衷的事情

382

方法是快乐的因子

方法是聪明和技巧，任何时候都是快乐的因子。我们要去发现各种快乐的方法。

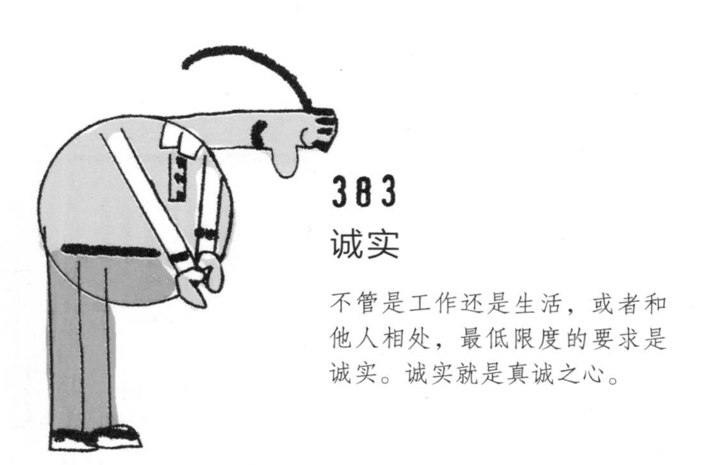

383

诚实

不管是工作还是生活，或者和他人相处，最低限度的要求是诚实。诚实就是真诚之心。

384

年龄虽大，心不可老

一上年纪脸上就生皱纹，但心不可以变老。为此，任何时候都要保持年轻的心态。

帮助别人的时候，
恐怖心消失

385

386 我想幸福

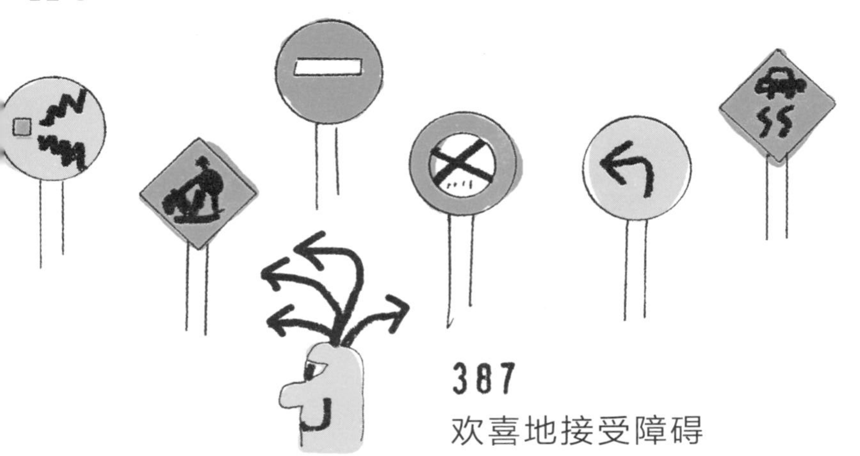

387

欢喜地接受障碍

障碍是学习的宝库，是让自我成长的机会。因为有这样的心态，所以可以超越障碍。

学习忍耐

388

忍受和忍耐很重要。就算有什么事也不要到处抱怨，需要时间去默默地忍耐。

389

不管如何，思考在当下。当下是什么？如何做才好？一日中的当下是最重要的时刻，明天也同样。

不思虑明天的事

打开心胸

390

391

思考一下什么是高兴的事

考虑一下，现在大家最高兴的事情是什么？在工作中试着发挥其作用。

侧耳倾听

392

了解苦味

做人，不仅仅品尝甜味，还要去品尝特别苦的味。任何时候，都想着去了解别人的情绪。

393

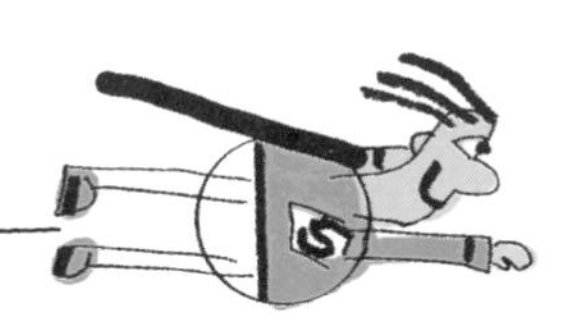

394 从减到增

减少的事情因为考虑的方法恰到好处，所以转变为获益。当然，与之相反的情况也有。

能提出问题的话，已经解决了一半

395

当提出问题的时候，表明对这个问题有些理解了。那么，对问题理解了的话，离问题的解决也已经很近了。

396

变得明朗

开朗爽快的人，能聚集人脉和运气。因此，与人相处要保持关怀和微笑。

忍耐是名药 397

忍耐是解决问题的对策之一。忍耐着，随后时间可以为我们解决。

398

要注意一点，不仅仅是金钱，时间也不要浪费。支配时间像投资一样，才是理想的方式。

不要浪费时间

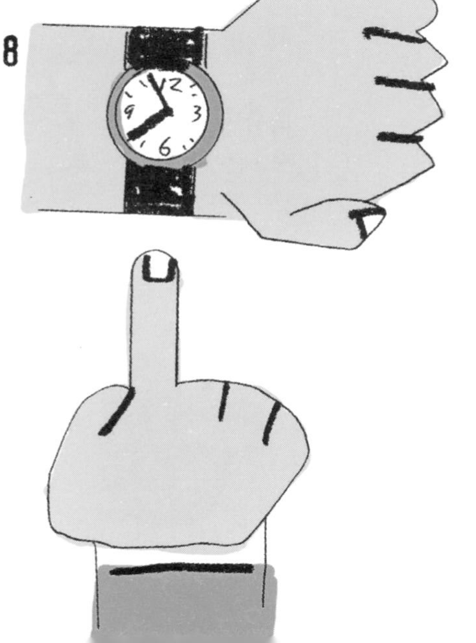

399

现在，立刻！

400
付出才有回报

401
发现优点

不拘泥于小事 402

应该着眼于重要的事情，大事情运作起来的话，小事情自然而然就会得到改善。

403 事实比情报更可靠

情报总是与事实不相符，正因如此，掌握事实能牢牢地分析任何事物的真相。

404
不要受限于常规的框框里

不要局限于常规的框架里。勇气，是自由持有新想法的最重要的部分。

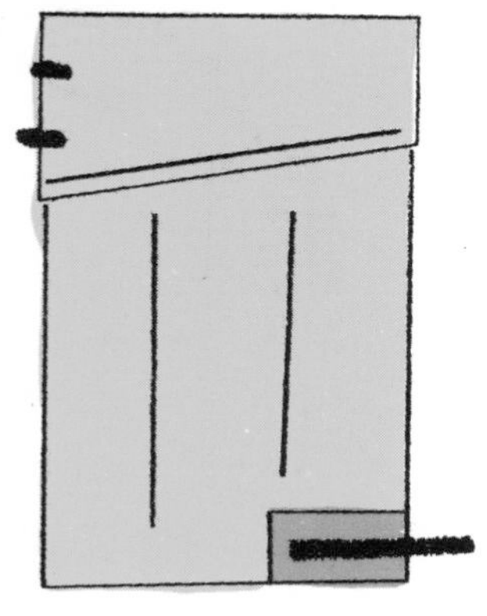

405
享受，重视当下

最宝贵的不是过去，不是将来，而是当下。要好好地享受和重视当下。

406
明天是新的一天

不管苦难如何持续，明天总是新的一天。只有这样想，尽可能地做事，才能全力以赴。

仅仅是今天这样而已!

即便觉得是很麻烦的事情，也仅仅是当下的想法，就让它过去吧。或许到了明天，一切就改变了。

407

不要打断别人的话语 408

有人说话时，就静静地慢慢地听着。有人在讲话的时候，请不要插嘴。

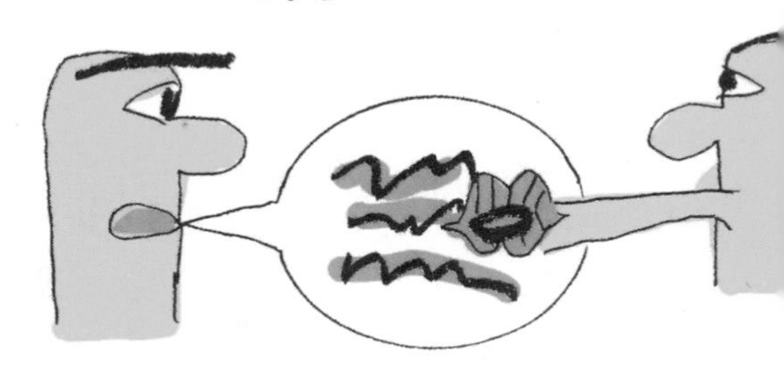

409

让每一天都幸福下去

让每一天都幸福下去。不论是有意识的，还是无意识的，都是缘于自己，缘于感恩之心。

410

尽力做到最好

411 不要轻视别人

侮辱和轻视别人是绝对不可以的。即便是情急之时，也不能大意。

412 变得喜欢做该做的事

凡事都有喜欢做和必须做的事情。重要的事情必须做，把这个必须做的事情变成喜欢的事情去做。

413
如何定义美

对你来说，什么是美呢？试着用语言来说出美的定义吧。

414
跌倒了再站起来吧

不论是谁，人都是脆弱的，没有谁不曾跌倒过。正是因为这样，跌倒了，不管几次，都要站起来。

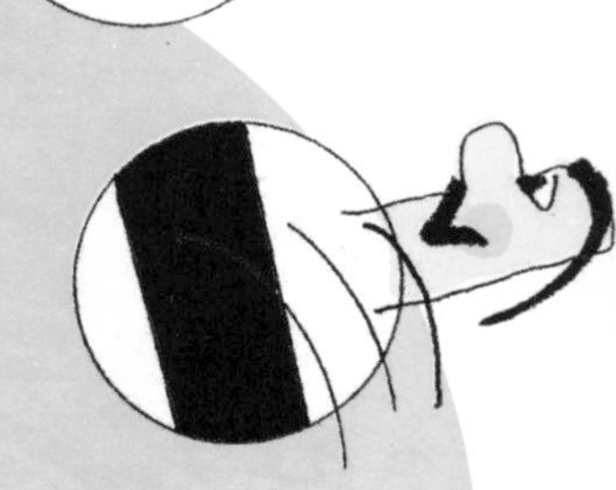

416
抓住小机遇

小机遇总会出现在眼前。不要让它逃走。

祈祷感谢的事情
415

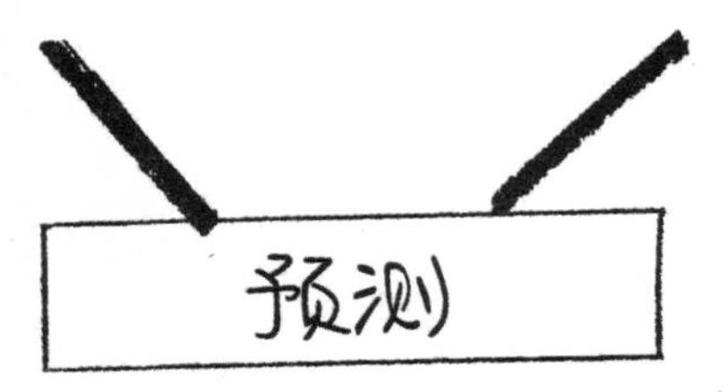

417

准备很重要，而担心并不重要

即使稍稍的担心也没关系，总是一直担心的话，要推进的事情就变得无法进行下去。要适当地担心。

418

如实地接受

无论何时持有无限坦率的心态就好。不论何事都要如实地接受。

决不能孤独

孤独虽然是人具有的特性，但是自己所做的事情，有必要随处让别人看到。

419

物品必定会损坏 420

没有不会损坏的物品，损坏的话，最好是修复。没有比损坏不了的东西更乏味了。

421 所谓人生就是今天一天的事情

珍惜今天一天吧。如果认为今天是人生的话，那么要好好想想怎么度过这一天。

了解不懂的事

不懂的事，早晚要创造学会懂得的机会。不能就这样置之不理。

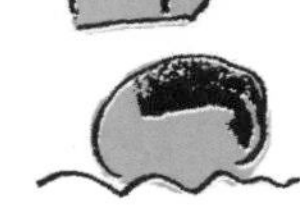

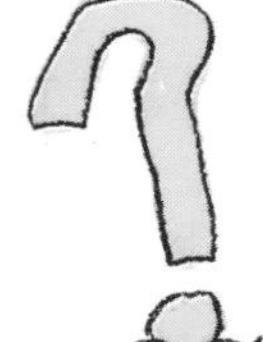

不拘泥于缺点
423

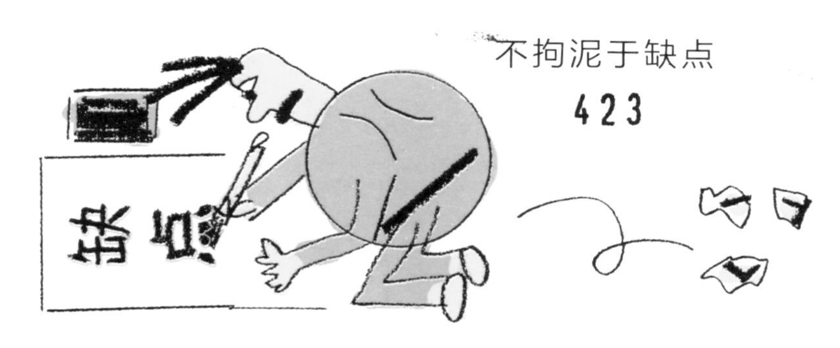

缺点也有了不起的地方，这是谁都没办法效仿的。这也是缺点的魅力所在。

424
生活需要整理

生活就是乱七八糟的东西，因此，常常需要整理。重新整理的话才会产生新的想法。

425

与健康成为朋友

健康管理是最重要的事业。为了和健康成为好朋友，用心地去思考吧。

给予对方想要的东西

426

有时想感动人，最好的方法就是充分给予对方想要的东西。

427 向孤单的人打招呼吧！

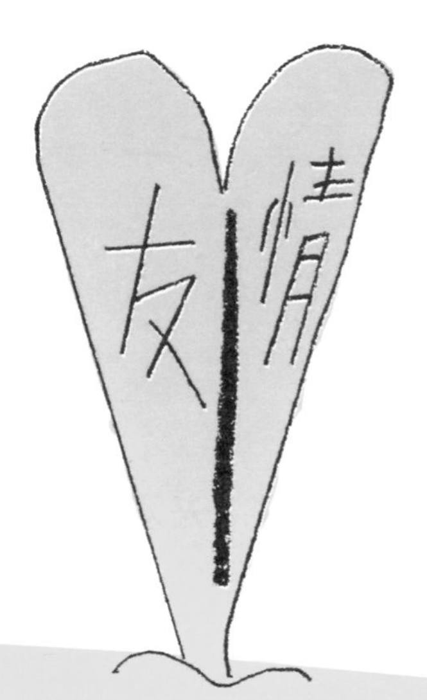

428
友情是培养出来的

友情就像是植物。如同为植物浇水和给予营养一样，用爱来培育友情吧。

429
即使牵着手，也要保持距离

无论多么相爱，关系多么好，和对方保持距离是很重要的事情。

430
懂得一切，去爱

不管是人还是事，有爱便懂得。但是说到懂得，也是很难的事情啊！

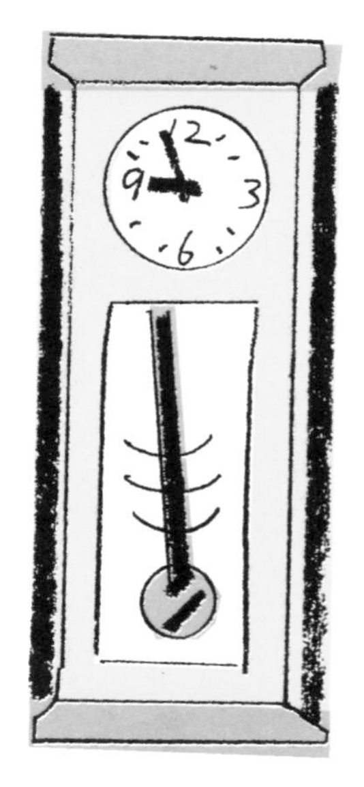

431
遵守商业的法则

商业法则有三个：帮助困难的人；正确使用金钱；勤俭节约。要好好遵守这些法则。

尊敬父母 432

正因为忙碌、辛苦，才更不能忘记对父母的感谢和敬意之情。父母和家人应是在最优先的位置。

热爱工作 433

工作是每天的日常。工作就是生活，正因为这样，要好好地爱工作。

434

先完成重要的工作

435

在拿到应得报酬的努力之余，
还要加倍地付出

436

幸福是勤奋的酬劳

如今的幸福，是迄今为止勤奋的表现。所谓勤奋，是非常珍贵的幸福种子。

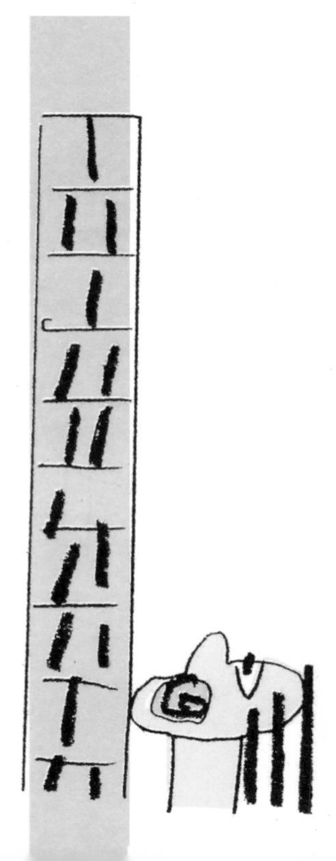

437

想法停滞不前的时候，才是起点

什么事情都是这样，停滞不前的时候才是起点。明白从哪里开始才是真正出场吧。

438

大多数的梦想都是通过勤奋努力地工作而获得的

再说一遍，只有勤奋才能实现大多数的梦想。所谓勤奋就是拼命努力地工作。

今天也要奔向梦想

今天也要向梦想迈出一小步。每一天，都要向着遥远的梦想，一步一步地靠近。

439

偶尔放下手中的事情

不要太过努力。常常侧耳倾听内心和身体的声音，偶尔放下手中的事情，放松一下吧。

无论什么事情，为了画出漂亮的圆圈，边想象边工作地推进下去。

441
像画圆一样

正因为不可能，所以才有机会

因为被说成不可能的事，所以谁都没有做过。很多机会都在沉睡中，等你唤醒。

442

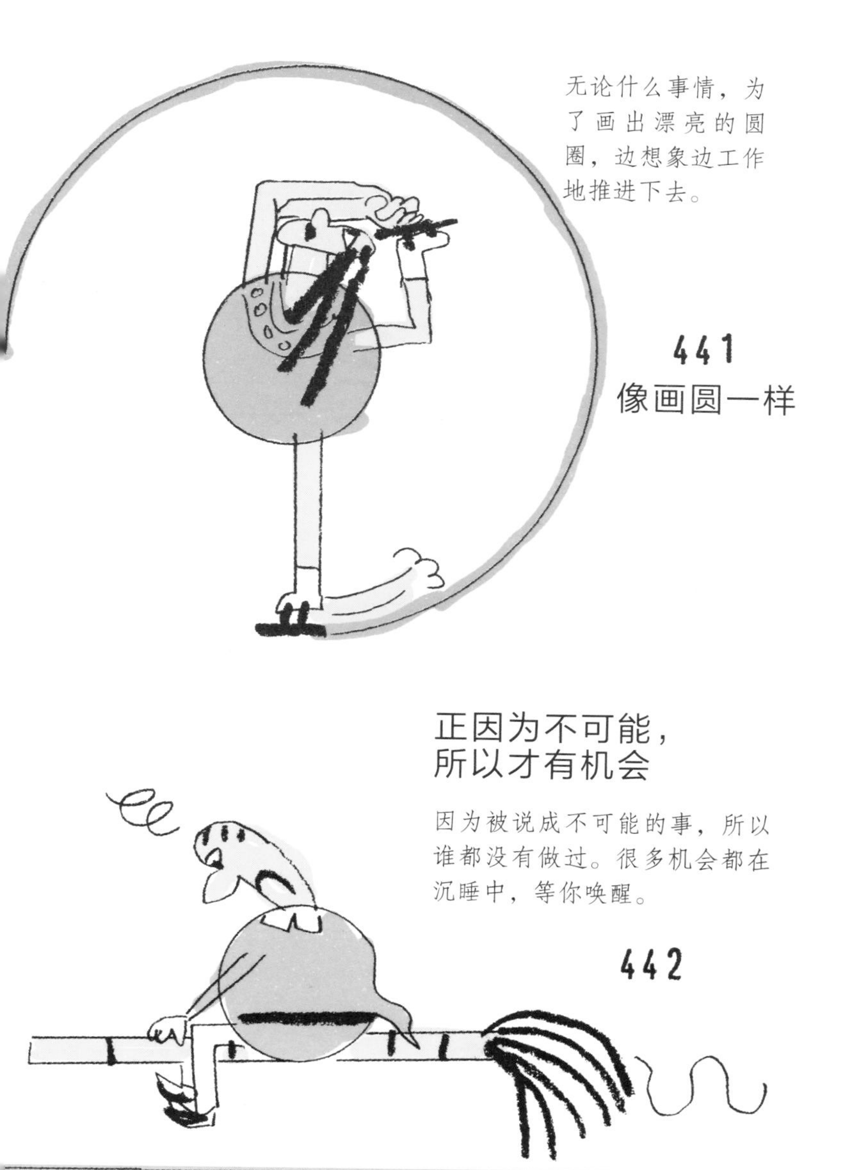

动脑筋想新的方法

不管做什么，请忘记以前的方法，因为会有更好的方法来解决。

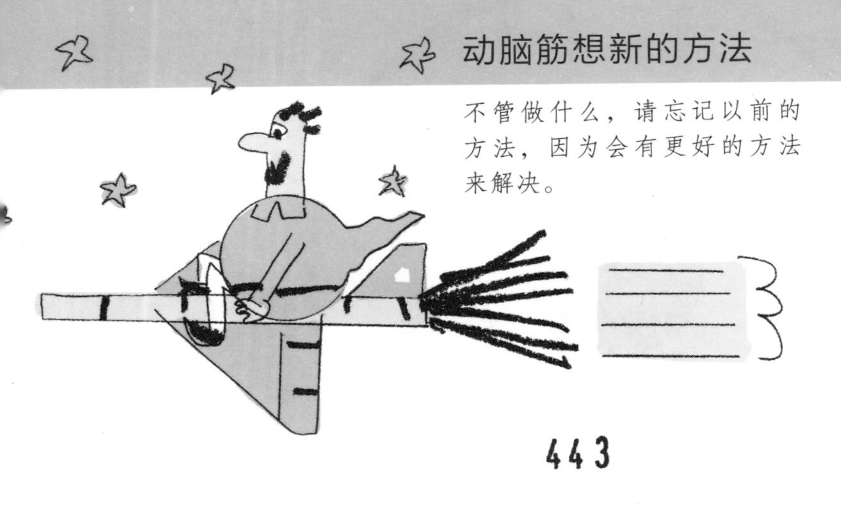

443

444 对任何事都不要灰心

如果因失败和失误而灰心，气势就会一下子下降。如果做了反省和应对，再马上开始就行了。

445 相信好运气

稍微提早到达

预先给自己定个稍微提早的规则，即使再重要的事情也会变得从容，变得轻松起来。

446

接待处

接受批判 447

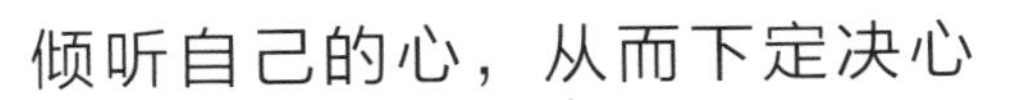

倾听自己的心，从而下定决心

448

试问是真的想做吗？发自内心想做的话，就下决心去做。不是的话就不要下定决心。

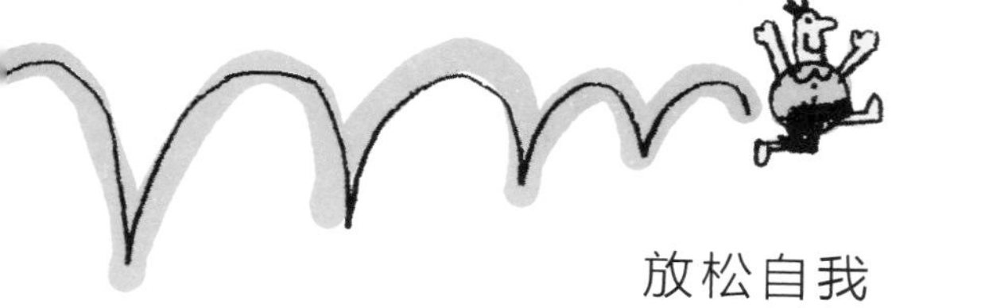

放松自我 449

松口气，不管什么事情，让自己放松是很重要的，是做好事情的秘诀。

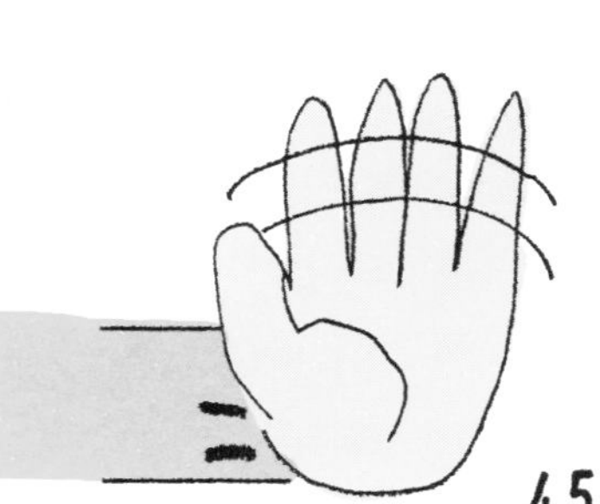

450 不轻易放手

人与人之间总是互相帮助地生存着，正因为如此，我们才更加珍惜紧密相连的人。

451 了解自己

不要逃避去了解自己。要时常面对自己，持有客观看待自己的意识。

452

持续不断的陪伴

家人与伴侣，不管发生什么，都要时常陪伴着对方。

对一种独特的才能感兴趣，并由喜欢变成发掘才华。

453

将兴趣变为才能……

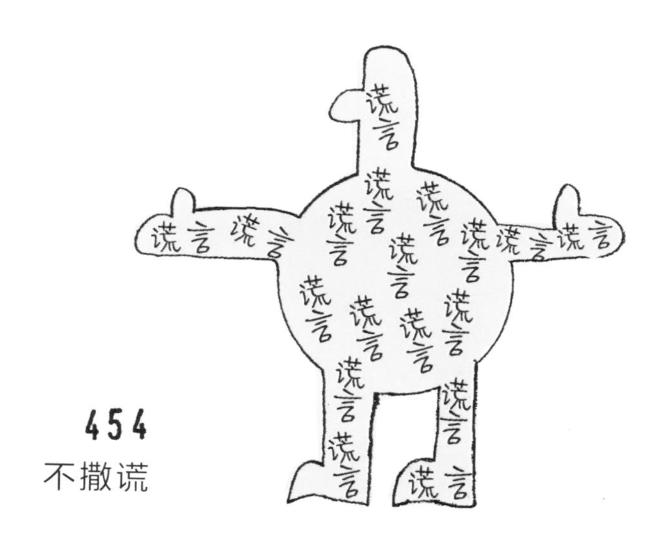

454
不撒谎

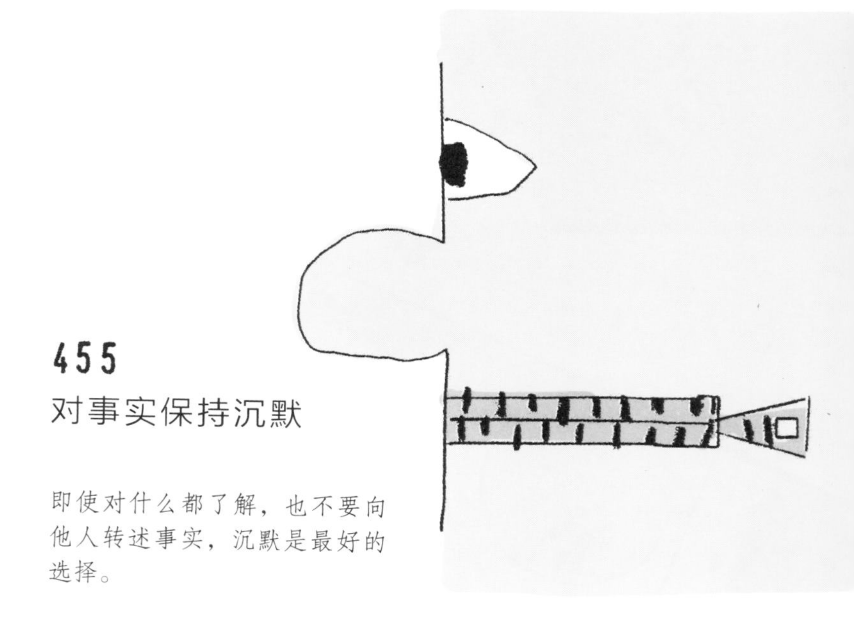

455
对事实保持沉默

即使对什么都了解，也不要向他人转述事实，沉默是最好的选择。

456
不要过于显摆

为了显摆，而勉强展示自己的话，之后肯定会发生让自己困扰的事情。

457
做正确的事情

一直在思考什么是对的事。然后，问自己那真的是对的事情吗？

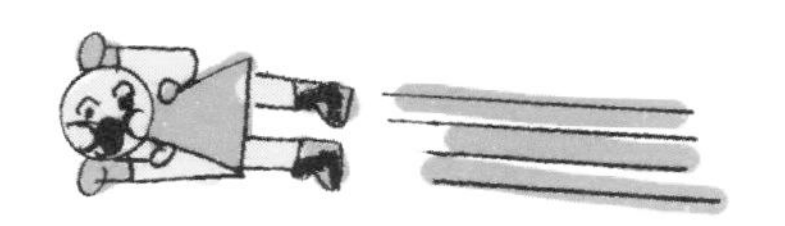

不要奢求别人帮助你 458

困难、辛苦之际，一旦奢求别人的帮助，情况就会变得更糟糕，要自己跨越过去。

修补就是打磨、锤炼 459

相信未知的力量

有太多太多，科学无法解释的不可思议的事情。也确实存在那种未知的力量。

460

461

享受现有的一切

462
懂得分享

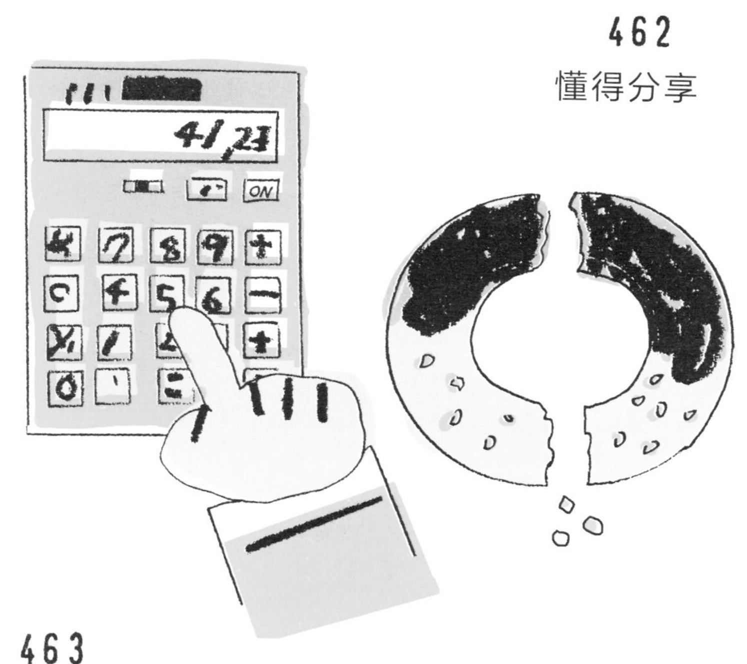

463
比起想做的，
应该有必须做的

不应偏向于想做的，要养成优先做必须做的好习惯。

心平气和

464

保持一份安宁、放松的心态，轻松度过每一天。以那样平静的生活为目标而生活着。

465

提升希望

所谓努力就是提高自己所寄托的希望，相信希望，勇往直前。

立即承认错误

466

谁都会犯错，正因如此，不要隐藏错误，而是勇于承认错误，然后自我反省。

467 学习模仿

模仿别人，并不是一件坏事情。不断地模仿，终将形成属于自己的风格。

468

爱一个人就要给他自由

爱并不是支配，爱一个人，就
是要他自由自在地生活下去。

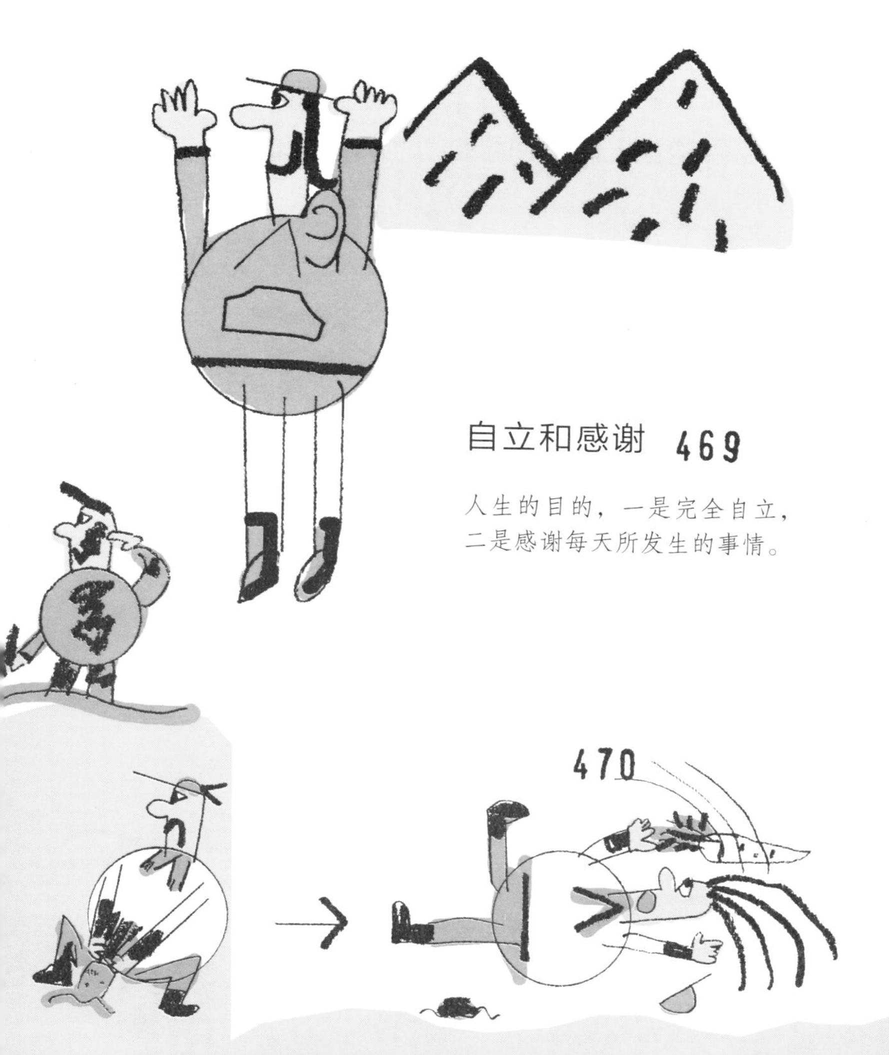

自立和感谢 469

人生的目的，一是完全自立，二是感谢每天所发生的事情。

470 学会谋生

生计是学习和下功夫的连续。要对自己的人生深思熟虑，能学什么，下什么功夫。

471

如今的自己身处何地

试着以自己为一个点，看看周围有什么，身处什么样的环境。

472

与世界同步

要多了解世界发展到何种程度，确认自己是否跟得上脚步。

473

不违背本意

不受他人影响，重要的是以自己的本意来判断事物，考虑事情。

474

说些有价值的话吧

不论做什么，都要考虑怎样做比较好，这样才能说出有价值的话。

475

只有研究才能做到最详细

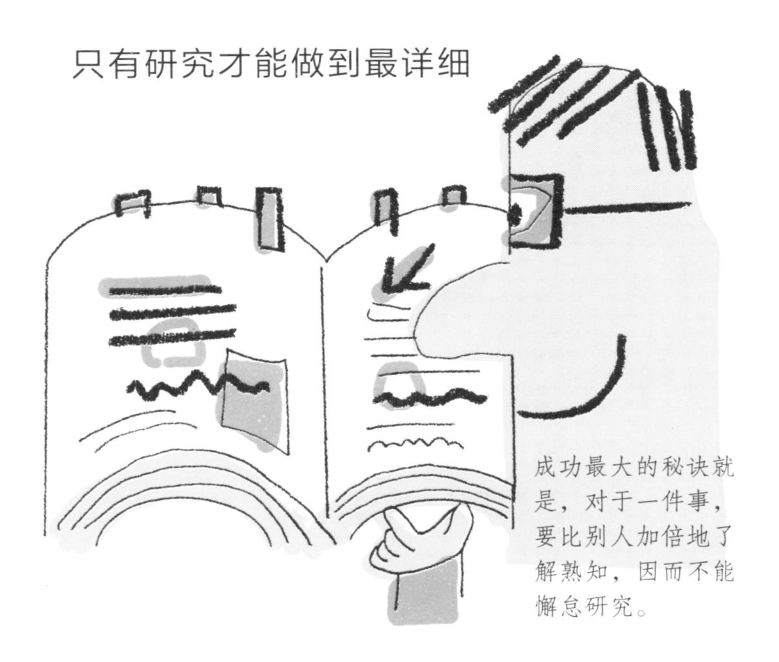

成功最大的秘诀就是，对于一件事，要比别人加倍地了解熟知，因而不能懈怠研究。

从简约入手

简约确实很美，但若其价值不以一流水平为目标的话，就无法达到真正的美。

476

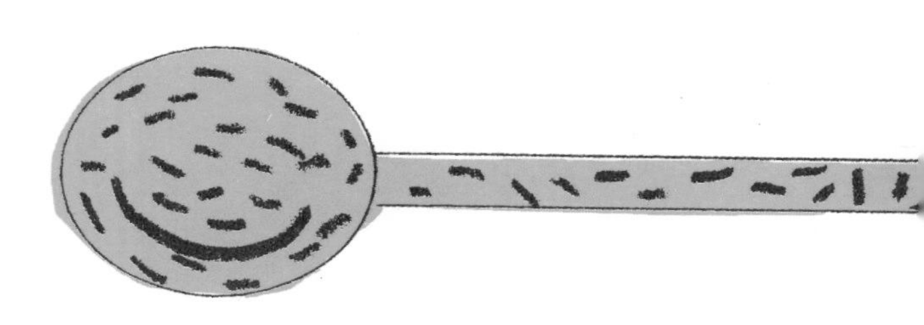

477 尊敬自然，爱护自然

478 欣赏窗外的风景吧

烦恼、疲惫的时候，欣赏一下窗外的风景吧。这样的风景的确能够治愈自己。

479

简单点，再简单点，更简单点

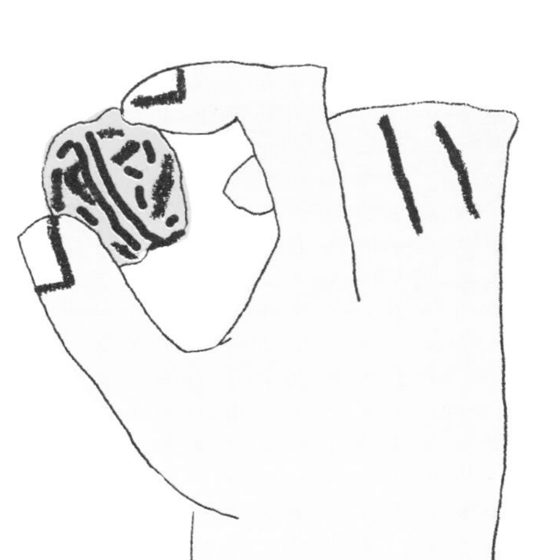

想想简单点，再简单点，更简单点，之后还有什么剩余的。

与人和睦相处

让人生过得更好，其实很简单，即是与人和睦相处。从现在开始更好地与人和睦相处吧。

480

481

欢喜于内心的变化

发生内心的变化是很正常的，这是成长的证据。内心的变化是值得喜悦的好事情。

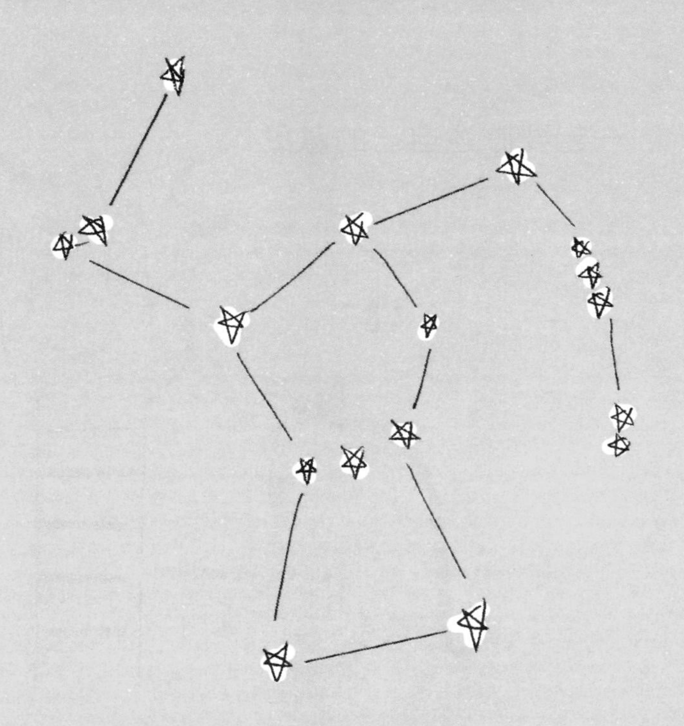

482

仰望星空

一定要陈述自己的意见

参加会议和集会的时候，一定要陈述自己的意见。不这样做的话，等同于没有参加。

483

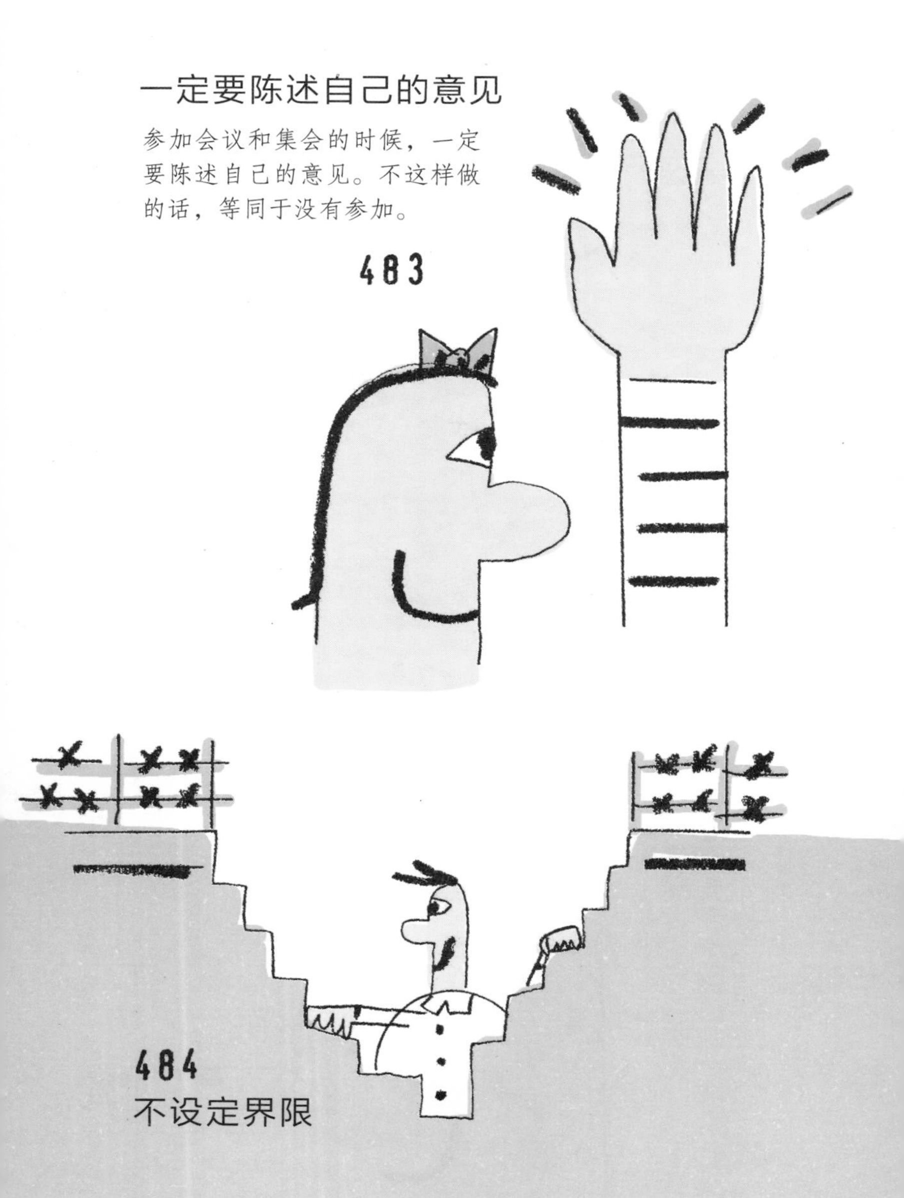

484

不设定界限

485

柔韧比刚强好

这指自我内心状态。努力让自己的心变得柔韧和柔软起来。

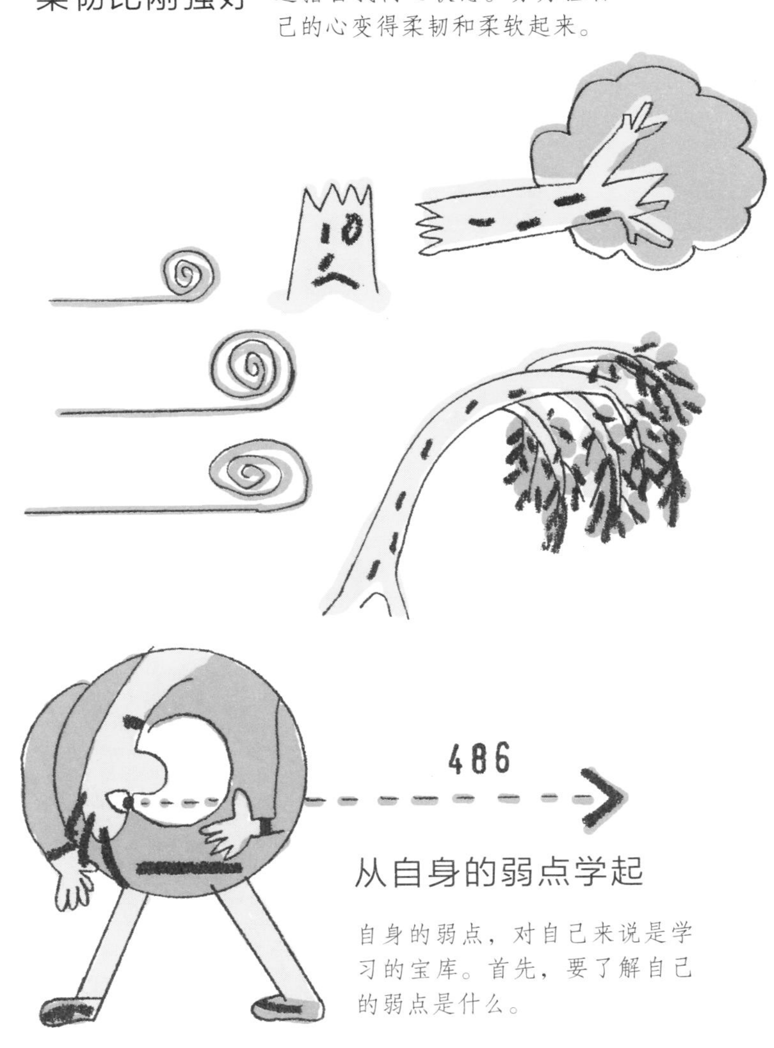

486

从自身的弱点学起

自身的弱点，对自己来说是学习的宝库。首先，要了解自己的弱点是什么。

487

迈两步退一步

成长的步调。前进的步调。不一味地前进，有节奏地退一步的心境很重要。

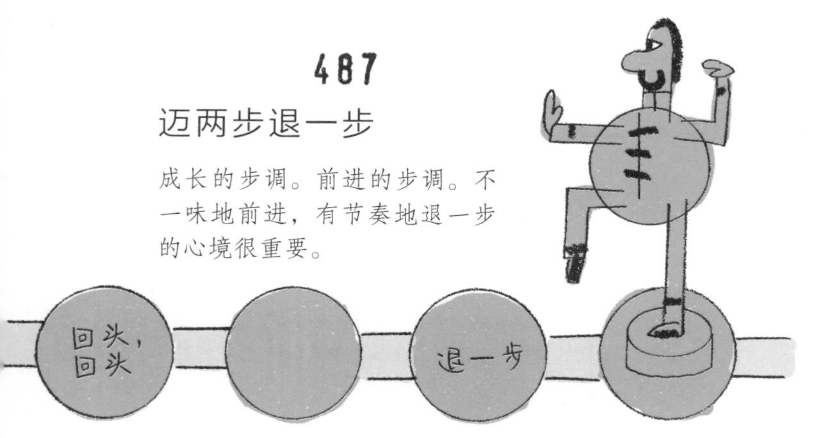

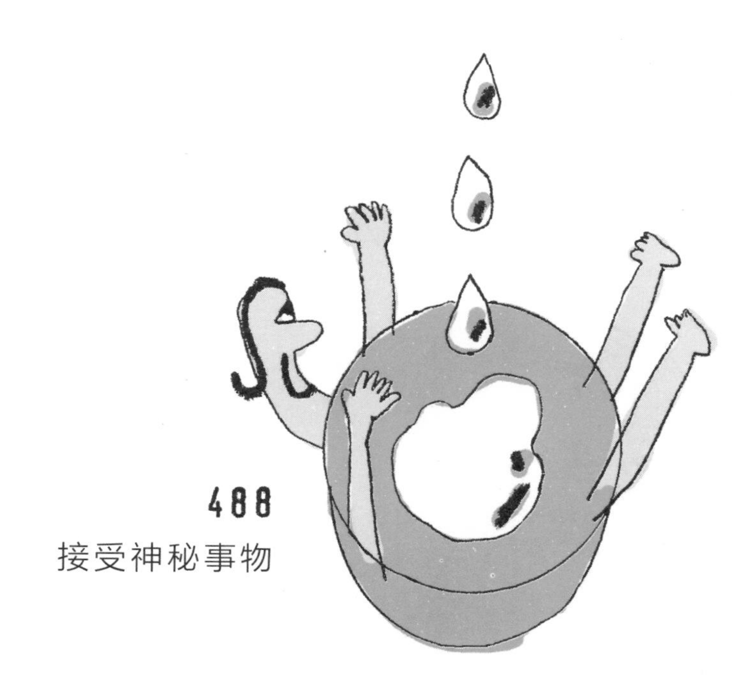

488

接受神秘事物

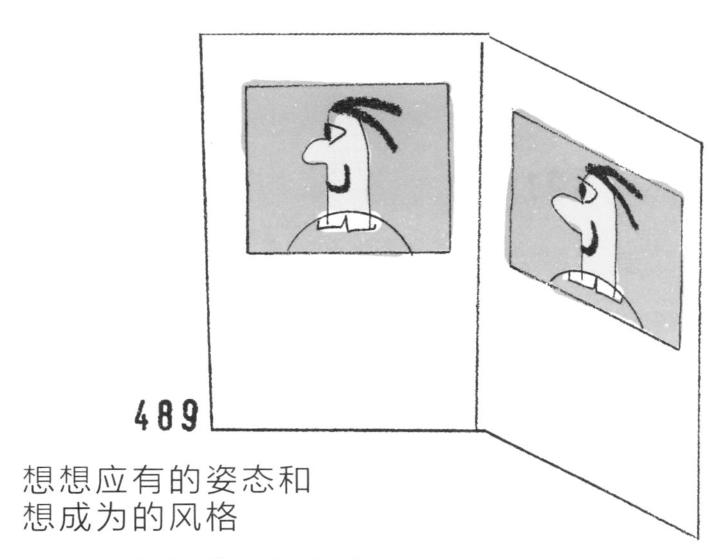

489

想想应有的姿态和想成为的风格

想想自己在服饰搭配前的样子是什么样的？再明确自己想成为什么样的风格。

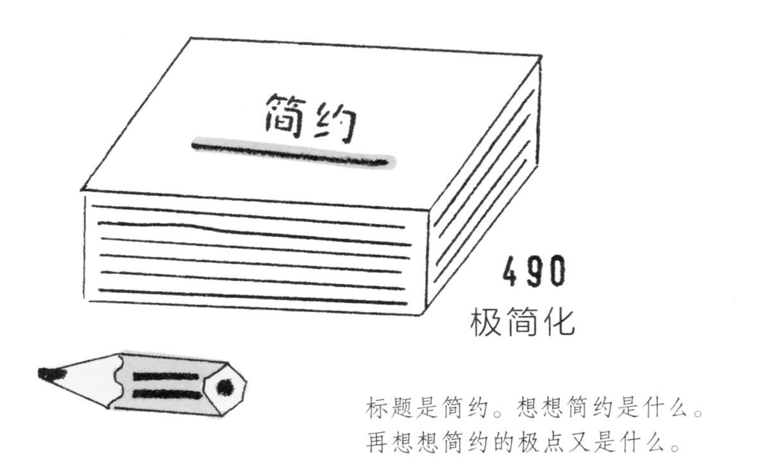

490

极简化

标题是简约。想想简约是什么。再想想简约的极点又是什么。

491

爱上缺点

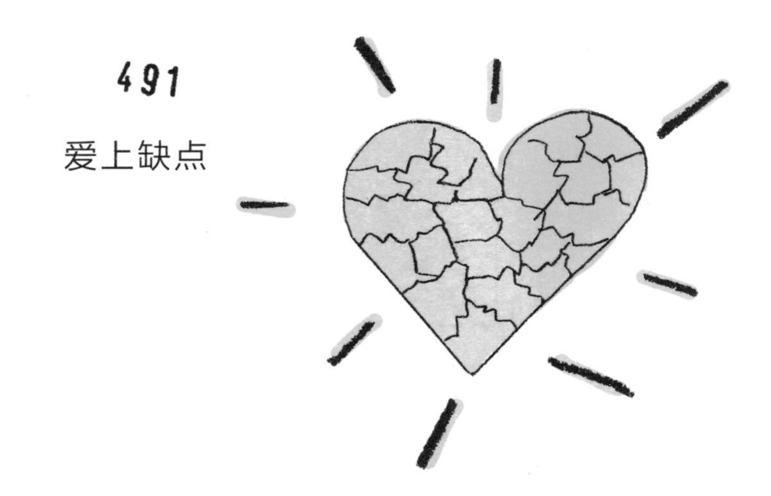

492

明确目标和梦想的价值

那么，在此再次考虑一下吧：自己的人生目的是什么，梦想是什么，价值又是什么呢？

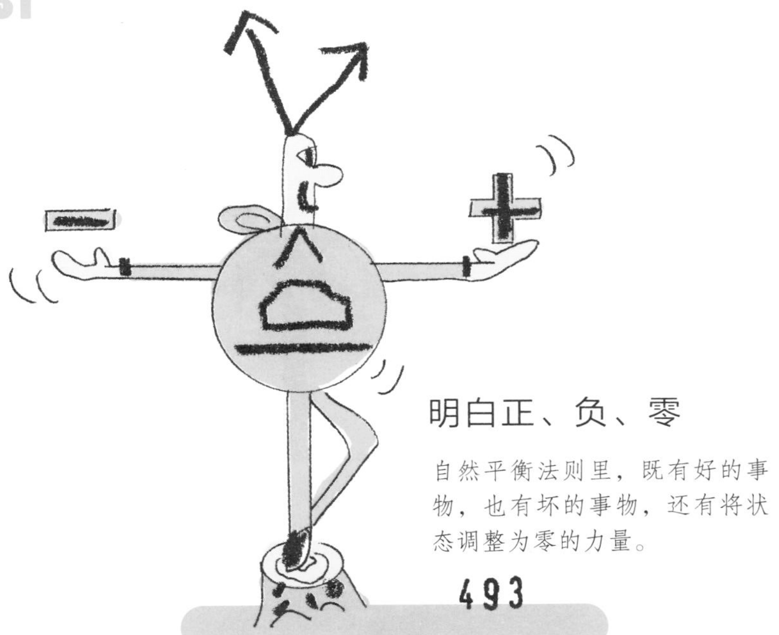

明白正、负、零

自然平衡法则里，既有好的事物，也有坏的事物，还有将状态调整为零的力量。

493

想想自己跑步的方式 494

想想自己是怎么跑步的呢？慢悠悠的呢？悠闲的呢？还是急促的呢？那到底是什么样的呢？

没有掌握关键点

495

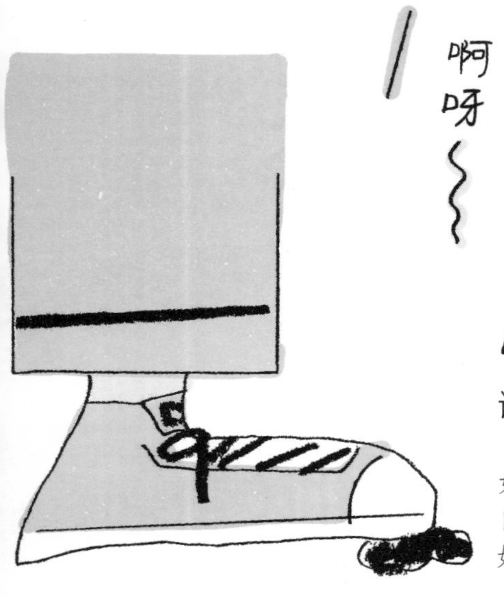

496

试着去失败

如果好事相伴的话，有必要让自己经历一些失败的事情比较好，让我们综合平衡一下吧！

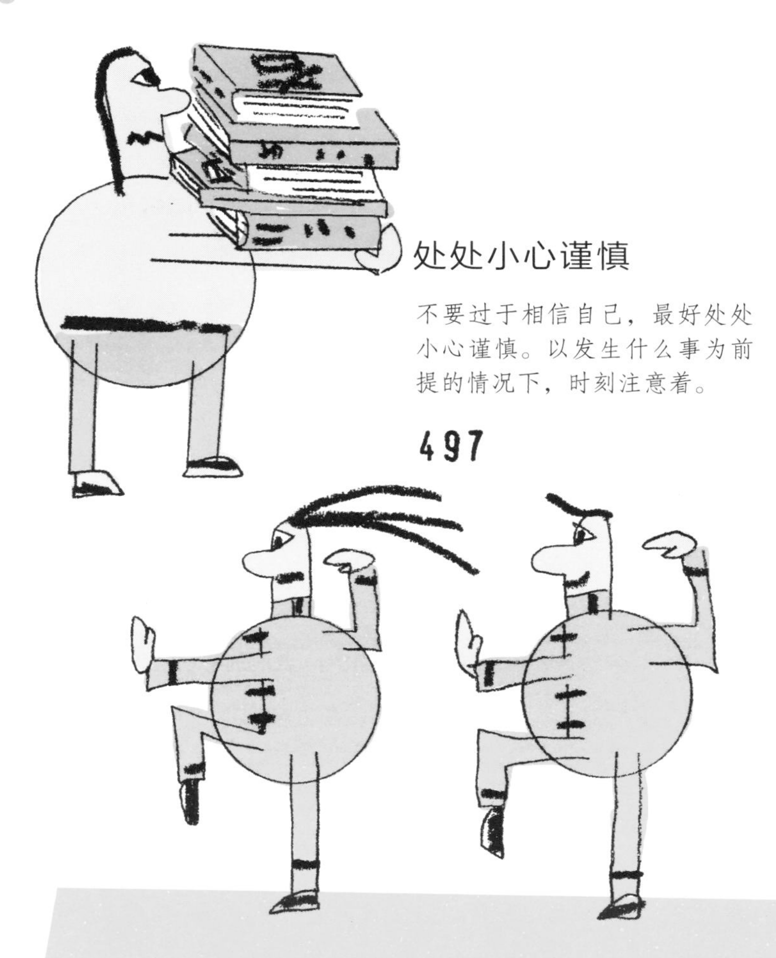

处处小心谨慎

不要过于相信自己，最好处处小心谨慎。以发生什么事为前提的情况下，时刻注意着。

497

不要放弃变化　498

致力于某件事情的时候，最好不要放弃变化和干劲。顺着形势发展下去。

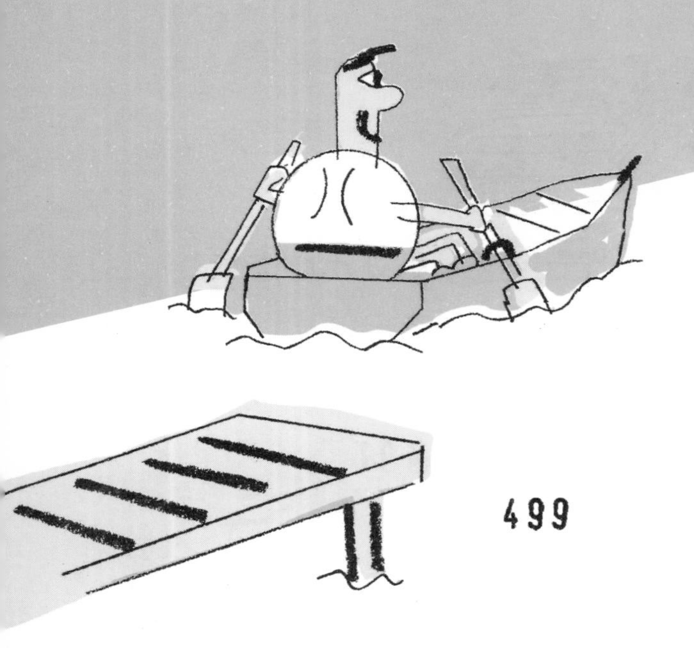

499

该放手时，应当机立断

该放手时，应当机立断。如另谋高就，或缘尽分手、分道扬镳时，都讲究一个恰如其分的时机。

自己做主

无限地相信自己。正因如此，
也只有自己可以做决定。这就
是人生的每一天。

图书在版编目（CIP）数据

美好的基本 /（日）松浦弥太郎著 ; 则慧译. -- 北京 : 北京时代华文书局，2019.11
ISBN 978-7-5699-3281-2
Ⅰ. ①美… Ⅱ. ①松… ②则… Ⅲ. ①生活—知识—基本知识 Ⅳ. ① TS976.3

中国版本图书馆 CIP 数据核字（2019）第 264131 号
北京市版权局著作权合同登记号　图字：01-2018-5108

美好的基本
MEIHAO DE JIBEN

著　　者 |（日）松浦弥太郎
绘　　者 |（日）渡边健一
译　　者 | 则　慧

出 版 人 | 陈　涛
选题策划 | 高　磊
责任编辑 | 邢　楠
装帧设计 | 程　慧　段文辉
责任印制 | 刘　银　范玉洁

出版发行 | 北京时代华文书局 http://www.bjsdsj.com.cn
北京市东城区安定门外大街 138 号皇城国际大厦 A 座 8 楼
邮编：100011　电话：010 - 64267955　64267677
印　　刷 | 三河市祥达印刷包装有限公司　0316 - 3656589
（如发现印装质量问题，请与印刷厂联系调换）
开　　本 | 880mm×1230mm　1/32　印　　张 | 7.5　字　　数 | 105 千字
版　　次 | 2020 年 5 月第 1 版　印　　次 | 2020 年 5 月第 1 次印刷
书　　号 | ISBN 978-7-5699-3281-2
定　　价 | 56.00 元